畜禽标准化养殖技术手册

浙江省畜牧农机发展中心　组编

蜜蜂标准化养殖技术手册

胡福良　郎海芳　主编

浙江科学技术出版社

图书在版编目(CIP)数据

蜜蜂标准化养殖技术手册/浙江省畜牧农机发展中心组编;胡福良,郎海芳主编. —杭州:浙江科学技术出版社,2020.7
(畜禽标准化养殖技术手册)
ISBN 978-7-5341-9053-7

Ⅰ.①蜜… Ⅱ.①浙…②胡…③郎… Ⅲ.①蜜蜂饲养—标准化—技术手册 Ⅳ.①S894.1-65

中国版本图书馆 CIP 数据核字(2020)第 117229 号

丛 书 名	畜禽标准化养殖技术手册
书　　名	蜜蜂标准化养殖技术手册
组　　编	浙江省畜牧农机发展中心
主　　编	胡福良　郎海芳

出版发行　**浙江科学技术出版社**
杭州市体育场路 347 号　邮政编码:310006
编辑部电话:0571-85152719
销售部电话:0571-85062597
网址:www.zkpress.com
E-mail:zkpress@zkpress.com

排　　版	杭州大漠照排印刷有限公司
印　　刷	浙江海虹彩色印务有限公司
经　　销	全国各地新华书店

开　　本	787 × 1092　1/16	印　张	10
字　　数	206 000		
版　　次	2020 年 7 月第 1 版	印　次	2020 年 7 月第 1 次印刷
书　　号	ISBN 978-7-5341-9053-7	定　价	62.00 元

责任编辑 詹　喜　**文字编辑** 李羡然　**责任美编** 金　晖
责任校对 马　融　**责任印务** 叶文炀

《蜜蜂标准化养殖技术手册》

编写人员

主　　编　胡福良　郎海芳

编写人员　胡福良　郑火青　张翠平　曹联飞
华启云　苏晓玲　蔺哲广　李　奎
施金虎　郎海芳

组　　编　浙江省畜牧农机发展中心

前言

畜牧业作为农业的一个重要组成部分，在国民经济中占有重要地位，事关农业增效、农民增收、经济提质。随着乡村振兴战略的顺利实施以及现代畜牧业的快速发展，畜禽养殖已经走上了规模化、标准化和产业化的道路，生产规模由小变大，动物的活动范围由大变小，对饲养管理等技术的要求由低到高。但是，畜禽生产中规模化水平有待提高、畜禽粪污资源化利用率仍待提升、疫病防控形势依然严峻、畜产品质量安全存在隐患等问题，仍然在一定程度上制约着浙江省乃至全国畜牧业的转型发展和绿色发展。

发展畜禽标准化规模养殖，是加快生产方式转变，建设现代畜牧业的重要内容。畜禽标准化生产，就是在场址布局、栏舍建设、生产设施配备、良种选择、投入品使用、卫生防疫、粪污处理利用等方面，严格执行法律法规和相关标准的规定，并按程序组织生产的过程。标准化畜禽养殖场，应按照“品种良种化、养殖设施化、生产规模化、防疫制度化、粪污无害化、监管常态化”的要求，大力推广安全、高效的饲料配制和科学饲养管理技术，制定实施行之有效的疫病防治规程，不断提高养殖水平和生产效率，切实保障畜产品的质量与安全。

编者结合多年生产和教学实践经验，并参考了大量国内外相关的最新资料，从实际、实用、实效出发，编著了《猪标准化养殖技术手册》《肉鸡标准化养殖技术手册》《鸭标准化养殖技术手册》《蜜蜂标准化养殖技术手册》等系列图书，旨在帮助广大畜牧生产者提高科技水平与经济效益。本丛书立足浙江，面向全国，除阐述了基础理论知识外，还着重从畜禽饲养管理、疾病防治、废弃物无害化和减量化处理、农场动物福利等方面进行了介绍。

本系列图书语言通俗易懂、简明扼要，并配备了大量的图片，力求理论联系实际，使读者能更加直观地了解和掌握相关内容。内容翔实，具有较强的系统性、科学性、先进性和实用性，既可供有关生产、科研单位技术人员阅读参考，也适用于农业院校动物科学、动物医学等专业师生学习参考。

鉴于编者水平所限，书中难免存在不足之处，敬请读者批评指正。

编者

2020年5月

目录

第一章　蜜蜂的种质资源与良种选育 1

第一节　蜜蜂种质资源 1
第二节　养蜂生产常用蜂种 5
第三节　蜜蜂选育 13

第二章　蜜蜂的饲养管理 24

第一节　蜜蜂基础生物学 24
第二节　养蜂操作管理工具 27
第三节　蜂群的基础管理 36
第四节　蜂群的阶段管理 47
第五节　蜂群转地饲养 52

第三章　蜂产品优质高效生产技术 57

第一节　蜂蜜生产技术 57
第二节　蜂王浆生产技术 63
第三节　蜂花粉生产技术 67
第四节　蜂胶生产技术 69
第五节　蜂毒生产技术 71
第六节　雄蜂蛹生产技术 73

第四章　蜜蜂病敌害防控 75

第一节　蜜蜂病敌害的种类及防控原则 75
第二节　蜜蜂常见传染性疾病的诊断与防控 77
第三节　蜜蜂敌害的防控 87

第五章 蜜源植物与蜜蜂授粉 —— 92

第一节 浙江省蜜源植物的种类与分布 …… 92

第二节 蜜蜂授粉技术 …… 117

第六章 中蜂的科学饲养 —— 125

第一节 中蜂的生物学特性 …… 125

第二节 野生中蜂的诱捕 …… 127

第三节 中蜂过箱技术 …… 129

第四节 中蜂饲养的基本要求 …… 134

第五节 中蜂饲养管理要点 …… 142

参考文献 —— 152

第一章　蜜蜂的种质资源与良种选育

蜜蜂种质资源是蜜蜂品种、品系、配套系以及野生蜜蜂资源的统称。丰富的蜜蜂种质资源，为蜜蜂选育和养蜂生产提供了物质基础。通过进一步选育，可以为养蜂生产提供蜜蜂良种，从而满足不同的生产需要。

第一节　蜜蜂种质资源

广义上的蜜蜂是指节肢动物门、昆虫纲、膜翅目、蜜蜂总科（Apoidea）中的蜂类昆虫，全世界有近2万种，既包括养蜂生产中常见的意蜂、中蜂，也包括可用于授粉的熊蜂、可用于取蜜的无刺蜂等。狭义上的蜜蜂是指蜜蜂总科蜜蜂科中的蜜蜂属（*Apis*），蜜蜂属蜜蜂有以下共同的生物学特性：营社会性生活；泌蜡筑造垂直于地面具有双面六角形巢房的巢脾；贮蜜积极。

截至目前，蜜蜂属蜜蜂为世界公认的有9个种（图1-1），即西方蜜蜂（*Apis mellifera*）、东方蜜蜂（*Apis cerana*）、小蜜蜂（*Apis florea*）、黑小蜜蜂（*Apis andreniformis*）、大蜜蜂（*Apis dorsata*）、黑大蜜蜂（*Apis laboriosa*）、沙巴蜂（*Apis koschevnikovi*）、绿努蜂（*Apis nulunsis*）和苏拉威西蜂（*Apis nigrocinta*）。每个蜜蜂种又可以划分为若干地理亚种（品种）。同一个种内的各品种间可以交配，不同种之间存在生殖隔离。

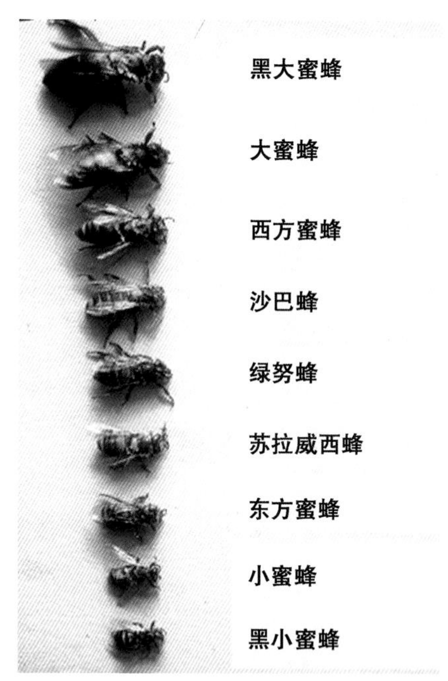

图1-1　蜜蜂属9个种的工蜂标本
（资料来源：HEPBURN H R, Radloff S E. Honeybees of Asia［M］. Berlin：Springer-Verlag，2011.）

一、西方蜜蜂

西方蜜蜂简称西蜂，原产于欧洲、非洲和中东地区，由于欧洲移民的携带和商业上的交流，现已遍及除南极洲以外的各大洲。代表性品种有意大利蜂、卡尼鄂拉蜂、欧洲黑蜂和高加索蜂。西方蜜蜂是我国养蜂生产中使用的主要蜂种（图1-2）。

图 1-2　活框饲养的西方蜜蜂(曹联飞 摄)

1. 形态特征

不同品种的西方蜜蜂体色变化很大，从黄色至黑色。蜂王、工蜂、雄蜂分化明显。工蜂体长平均为 12 ～ 14 毫米；喙长平均为 5.5 ～ 7.2 毫米；前翅长平均为 8.0 ～ 9.5 毫米；肘脉指数平均为 2.0 ～ 5.0。工蜂腹部第 6 背板上无绒毛；后翅中脉不分叉。

2. 生物学特性

自然状态下，西方蜜蜂在洞穴中筑巢，蜂巢由多片巢脾组成。雄蜂蛹房盖中央无气孔；在巢门前扇风时头朝里(头对着巢门)。西方蜜蜂的产卵力、采集力、分蜂性、抗病力、抗逆性等经济性状变化很大；采胶习性、盗性等变化也很大。

3. 经济价值

西方蜜蜂可用于蜂蜜、蜂王浆、蜂花粉、蜂胶、蜂蜡、蜂毒等各种蜂产品的生产；可为作物、果树、蔬菜、牧草等进行授粉。

二、东方蜜蜂

东方蜜蜂广泛分布于亚洲，主要分布在热带及亚热带地区，其次是温带地区。南至印度尼西亚，北至乌苏里江以东，西至阿富汗和伊朗，东至日本都有东方蜜蜂的分布。东方蜜蜂在我国大部分地区都有分布，称为中华蜜蜂，简称中蜂，或称土蜂(图 1-3)。

图 1-3　圆桶饲养的中蜂(曹联飞 摄)

1. 形态特征

蜂王、工蜂、雄蜂分化明显。蜂王为黑色或棕色，雄蜂为黑色，工蜂的体色变化较大。热带和亚热带地区的东方蜜蜂工蜂，腹部以黄色为主；温带和高寒地区的东方蜜蜂工蜂，腹部以黑色为主。工蜂体长平均为10.0～13.5毫米；喙长平均为3.0～5.6毫米；前翅长平均为7.0～9.0毫米；肘脉指数平均为3.5～6.0。后翅中脉分叉，上唇基具三角形黄斑。中蜂在我国南方至北方，个体逐渐增大，体色逐渐由黄变黑。

2. 生物学特性

自然状态下，东方蜜蜂在树洞、岩穴等隐蔽处所筑巢，蜂巢由多片巢脾组成。雄蜂蛹房盖呈斗笠状隆起，中央有气孔；工蜂的活动和行为与西方蜜蜂相似，但在巢门前扇风时头朝外（头背着巢门）。东方蜜蜂行动敏捷，善于利用零星蜜源；在蜜源贫乏时常有迁飞行为；群势较西方蜜蜂弱，抗巢虫（蜡螟）能力弱，易感染囊状幼虫病，但抗螨力强，能抵御胡蜂等天敌；盗性强；不采树胶。

3. 经济价值

东方蜜蜂主要用于蜂蜜生产，其蜜房封盖为干型，更适用于生产巢蜜；不能生产蜂王浆、蜂胶；可为作物、果树、蔬菜、牧草等进行授粉。

三、小蜜蜂

小蜜蜂分布较广，主要分布于东南亚的中南半岛、南亚、伊朗南部和阿曼北部，以及我国的云南（在云南俗称小草蜂）、广西和海南。通常分布在海拔2000米以下地区。小蜜蜂一般都处于野生状态，可猎取蜂蜜，每群小蜜蜂1年可取蜂蜜1～3千克；可用于授粉（图1-4）。

图1-4　小蜜蜂（曹联飞 摄）

四、黑小蜜蜂

黑小蜜蜂（在云南俗称小排蜂）主要分布于东南亚地区以及我国的云南南部，大部分分布在海拔1000米以下地区。黑小蜜蜂一般都处于野生状态，每群黑小蜜蜂1年可猎取蜂蜜1～1.5千克；可用于授粉（图1-5）。

图1-5　黑小蜜蜂（曹联飞 摄）

五、大蜜蜂

大蜜蜂俗称排蜂，分布于南亚、东南亚地区以及我国的云南南部、广西南部和海南等地。大部分分布在海拔1000米以下地区。大蜜蜂都处于野生状态，每群大蜜蜂1年可猎取蜂蜜25～40千克（图1-6）。

图1-6　大蜜蜂（曹联飞 摄）

六、黑大蜜蜂

黑大蜜蜂，俗称喜马拉雅排蜂、岩蜂，在蜜蜂属中个体最大，是唯一不在热带地区分布的蜜蜂，主要栖息在喜马拉雅山区和横断山区的岩壁上。其分布区包括尼泊尔、缅甸、老挝、印度北部和越南北部，我国的西藏南部以及云南的西部和南部。通常分布在海拔2500～4000米地区。黑大蜜蜂都处于野生状态，每群黑大蜜蜂1年可猎取蜂蜜20～40千克（图1-7）。

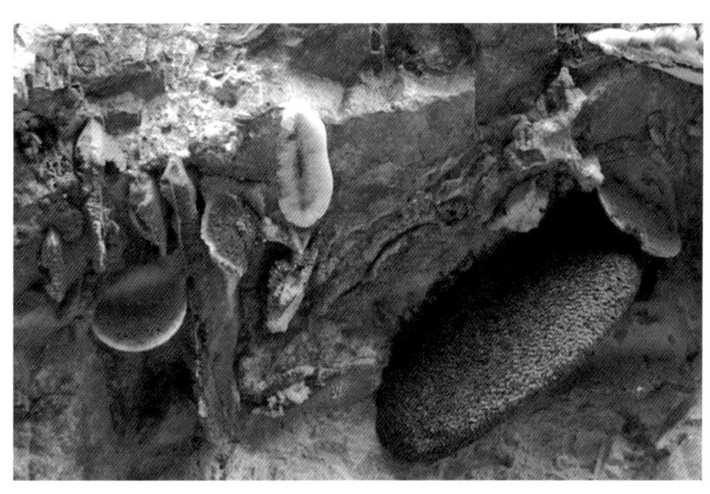

图1-7　黑大蜜蜂（曹联飞 摄）

七、其他蜜蜂种

沙巴蜂、绿努蜂和苏拉威西蜂主要分布于印度尼西亚、马来西亚等地区，它们的个体大小、生活习性与东方蜜蜂相似，均可取蜜。

第二节　养蜂生产常用蜂种

蜂种既包括蜜蜂纯种，如某一品种、品系，又包括蜜蜂杂交种。蜜蜂有很多品种和品系，各品种或品系都有其特定的形态特征、生物学特性和生产性能，适合于不同的养蜂生产需要。

我国是世界第一养蜂大国，蜂群数量目前已达1000万群，其中600多万群为西方蜜蜂，300多万群为东方蜜蜂。我国每年生产40万～50万吨蜂蜜，大部分由西方蜜蜂生产；每年生产3000多吨蜂王浆，全部由西方蜜蜂生产；年产数千吨蜂花粉和蜂蜡，大部分由西方蜜蜂生产。因此，西方蜜蜂是我国目前养蜂生产中使用的主要蜂种。中蜂产蜜量低，不能生产蜂王浆，而且很难进行转地饲养，主要分布在我国南方山区，山区农民多作为副业饲养（中蜂也是养蜂生产常用蜂种，将在本书第六章作介绍）。近年来，由于中蜂蜜价格上涨较快，以及政府的鼓励、支持，中蜂养殖数量增长很快。

在我国饲养的西方蜜蜂中，除意大利蜂、卡尼鄂拉蜂、欧洲黑蜂和高加索蜂等名种外，还有安纳托利亚蜂等品种以及众多杂交蜂种。其中，意大利蜂和以意蜂血统为主的蜂群约占80%；卡尼鄂拉蜂和以卡蜂血统为主的蜂群约占10%；其他血统的蜂群，如东北黑蜂、新疆黑蜂、高加索蜂、安纳托利亚蜂以及它们的杂交种，共约占10%。

一、意大利蜂

意大利蜂简称意蜂，是我国养蜂生产上的当家品种。意蜂原产于意大利的亚平宁半岛，是典型的地中海气候和生态环境的产物。意大利蜂原产地的气候和蜜源条件有以下特点：冬季短、温暖而湿润；夏季炎热而干旱，蜜源植物丰富，花期长。在类似上述自然条件下，意大利蜂可表现出很好的经济性状。但在冬季长而严寒、春季经常有寒潮袭击的地方，意大利蜂的适应性较差（图1-8）。

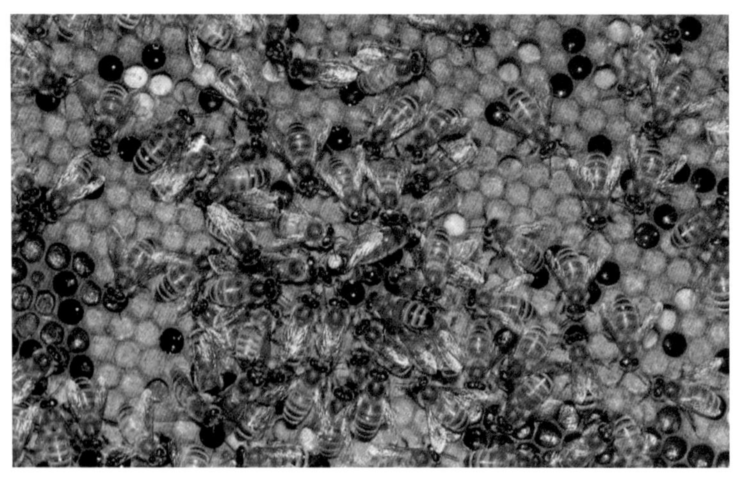

图1-8 意大利蜜蜂

（资料来源：国家畜禽遗传资源委员会. 中国畜禽遗传资源志·蜜蜂志[M]. 北京：中国农业出版社，2011. ）

1. 形态特征

意大利蜂个体中等；腹部细长，腹板几丁质为黄色；工蜂第2～4腹节背板的前缘有黄色环带（在原产地，黄色环带的宽窄及色调的深浅变化很大）；体色较浅的意大利蜂常具有黄色小盾片，特浅色型仅在腹部末端有1块棕色小斑，称黄金种蜜蜂。意大利蜂绒毛为淡黄色；喙较长，平均为6.5毫米；第4腹节背板绒毛带宽度平均为0.9毫米；第5腹节背板覆毛长度平均为0.3毫米；肘脉指数平均为2.3。

2. 生物学特性

意大利蜂产育力强，育虫节律平缓，早春时节蜂王开始产卵后，气候、蜜源等自然条件对其影响不大，即使在炎热的夏季和气温较低的晚秋也能保持较大面积的育虫区；分蜂性弱，易维持强大的群势；对大宗蜜源的采集力强，但对零星蜜粉源的利用能力较差，对花粉的采集力强，在夏秋两季采集较多的树胶；泌蜡造脾能力强；分泌蜂王浆的能力强于其他任何品种的蜜蜂；饲料消耗量大，在蜜源条件不良时，易出现食物短缺现象；性情温驯，不怕光，开箱检查时很安静；定向力较差，易迷巢；盗性强；清巢习性强；以大群势越冬，越冬饲料消耗量大，在纬度较高的严寒地区越冬较困难；抗病力较弱，在我国，意大利蜂常患的疾病有美洲幼虫腐臭病、欧洲幼虫腐臭病、麻痹病和孢子虫病等；抗螨力弱；抗巢虫能力较强。

3. 经济价值

意大利蜂产蜜能力强，在华北地区的荆条花期或东北地区的椴树花期，1个意蜂强群可产50千克蜂蜜；产浆力强于其他品种。因此，意大利蜂是蜜浆兼产型品种，同时也是生产蜂花粉的理想品种，也可用其生产蜂胶。意大利蜂因其优秀的经济性状，早已成为世界性的蜜蜂品种。

我国饲养的意蜂，按其来源，可分为本意、原意、美意、澳意等品系。本意是本地意蜂（又称中国意蜂）的简称，是20世纪20～30年代从国外引进的意大利蜂的后代，经过我国几十年的人工选育，已逐渐对我国当地的气候、蜜源条件产生了较强的适应性，并表现出较为理想的经济性状，但是目前本意已混杂。原意是原产地意大利蜂的简称。美意是美国意大利蜂的简称，与原意相比美意体色深，采集力强，但产浆性能差。澳意是澳大利亚意蜂的简称，其形态特征、经济性状和生产性能与美意相似。

二、卡尼鄂拉蜂

卡尼鄂拉蜂简称卡蜂（早期译为喀尼阿兰蜂），是我国养蜂生产上的另一个重要品种。卡蜂原产于巴尔干半岛北部的多瑙河流域，包括奥地利南部、南斯拉夫、匈牙利、罗马尼亚、保加利亚和希腊北部。原产地受大陆性气流影响，冬季严寒而漫长，春季短而花期早，夏季不太炎热。在类似上述自然条件下，卡蜂可表现出很好的经济性状（图1-9）。

图1-9　卡尼鄂拉蜂

（资料来源：国家畜禽遗传资源委员会. 中国畜禽遗传资源志·蜜蜂志［M］. 北京：中国农业出版社，2011.）

1. 形态特征

卡尼鄂拉蜂个体大小和体形与意大利蜂相似，腹部细长，几丁质为黑色。有些工蜂第2～3腹节背板上具棕色斑，少数工蜂具棕红色环带；蜂王为黑色或深褐色，少数蜂王腹节背板上具棕色斑或棕红色环带；雄蜂为黑色或灰褐色。工蜂绒毛多为棕灰色。卡蜂喙较长，平均为6.6毫米；第4腹节背板绒毛带宽度平均为0.9毫米，绒毛密集；第5腹节背板覆毛长度平均为0.3毫米；肘脉指数变化大，为1.8～5.5，平均为2.7。

2. 生物学特性

卡尼鄂拉蜂采集力特别强，善于利用零星蜜粉源，但对花粉的采集力弱于意大利蜂。其产育力较弱，气候、蜜源等自然条件对育虫节律影响明显：早春时节，当外界出现花粉时便开始育虫；夏季，只有在气温低于35℃并有较充分的蜜粉源时才能保持一定面积的育虫区，当气温超过35℃时育虫面积明显缩小；晚秋，育虫量和群势急剧下降。卡尼鄂拉蜂分蜂性强，不易维持强群；节省饲料，在蜜源条件不良时很少发生饥饿现象；性情较温驯，不怕光，开箱检查时较安静；定向力强，不易迷巢；盗性弱；较少采集树胶；以小群势越冬，在纬度较高的严寒地区越冬性能好；抗病力与意大利蜂相似，但在原产地几乎未发现过幼虫病；抗螨力较弱。

3. 经济价值

卡尼鄂拉蜂产蜜能力强，在群势相等的情况下，其产蜜量显著高于意大利蜂，是理想的蜜型品种；产浆能力弱，不宜用于蜂王浆生产。卡蜂与意蜂等其他蜂种杂交后，可表现出较显著的杂种优势，增产效果较明显。我国北方只生产蜂蜜的蜂场，大多喜欢饲养卡蜂。

我国饲养的卡蜂，按其来源，可分为奥卡、南卡和喀蜂等。奥卡是奥地利卡蜂的简称，是20世纪70年代由联邦德国引进的卡尼鄂拉蜂王的后代（联邦德国的卡蜂是其原产地奥地利的卡蜂）。南卡是南斯拉夫卡蜂的简称，是20世纪70年代由原南斯拉夫引进的卡尼鄂拉蜂王的后代。喀蜂是20世纪70年代末由罗马尼亚引进的卡尼鄂拉蜂王的后代，吉林省养蜂科学研究所选育并保存的喀尔巴阡黑环系即为喀尔巴阡蜂的一个近交系。

三、欧洲黑蜂

欧洲黑蜂简称黑蜂，原产于阿尔卑斯山以北的欧洲地区，是在西欧温和的气候条件和生态环境中发展起来的。

1. 形态特征

欧洲黑蜂个体比意蜂略大，腹部宽，几丁质呈均一的黑色。有些工蜂在第2～3腹节背板上有棕黄色斑；雄蜂胸部绒毛为深棕色至黑色。黑蜂喙较短，平均长6.3毫米；第4腹节背板绒毛带窄，其宽度平均为0.75毫米；第5腹节背板覆毛长，其长度平均为0.55毫米；肘脉指数平均为1.75。

2. 生物学特性

欧洲黑蜂的产育力比意大利蜂弱，春季群势发展较缓慢，但分蜂性弱，夏季以后可发展成强大群势；采集力强，对夏秋蜜源的采集强于其他任何品种的蜜蜂；善于利用零星蜜粉源，但对深花管蜜源植物的采集能力较差；节省饲料，在蜜源条件不佳时极少发生饥饿现象；性情凶暴，怕光，开箱检查时易骚动和螫人；定向力强，不易迷巢；盗性弱；抗孢子虫病能力和抗甘露蜜中毒能力强于其他任何品种的蜜蜂；易感染幼虫病；易遭巢虫危害。

3. 经济价值

欧洲黑蜂可用于蜂蜜生产。但在春季，产蜜量低于意蜂和卡蜂。

我国东北北部地区饲养的东北黑蜂（图1-10），是中俄罗斯蜂（欧洲黑蜂的一个生态型）和卡蜂的过渡类型，并在一定程度上混有高加索蜂和意大利蜂的血统。东北黑蜂集中于黑龙江东部的饶河、虎林一带，在当地已有近一个世纪的饲养历史，并设有东北黑蜂保护区。东北黑蜂个体大小及体形与卡蜂相似；蜂王大多为褐色，其第2～3腹节背板具黄褐色环带，少数蜂王为黑色；工蜂为黑色，少数个体第2～3腹节背板上具黄褐色斑；雄蜂为黑色，绒毛灰色至灰褐色。东北黑蜂产育力较强，春季群势发展较快；分蜂性较弱，可养成大群；采集力强，特别适应于对椴树蜜源的采集，善于利用零星蜜粉源；不怕光，开箱检查时较安静；越冬性强；定向力强，不易迷巢；盗性弱。

图1-10　东北黑蜂

（资料来源：国家畜禽遗传资源委员会. 中国畜禽遗传资源志·蜜蜂志[M]. 北京：中国农业出版社，2011.）

新疆黑蜂又称伊犁黑

蜂（图1-11），集中分布于新疆的伊犁、塔城、阿勒泰等地区。新疆黑蜂的形态特征、生物学特性和生产性能与欧洲黑蜂基本相同。

图1-11　新疆黑蜂

（资料来源：国家畜禽遗传资源委员会. 中国畜禽遗传资源志·蜜蜂志［M］. 北京：中国农业出版社，2011.）

四、高加索蜂

高加索蜂原产于高加索山脉中部的高山谷地，主要分布于格鲁吉亚、阿塞拜疆、亚美尼亚等地。原产地气候条件的特点：冬季不太寒冷，夏季较热，无霜期较长，年降雨量较多（图1-12）。

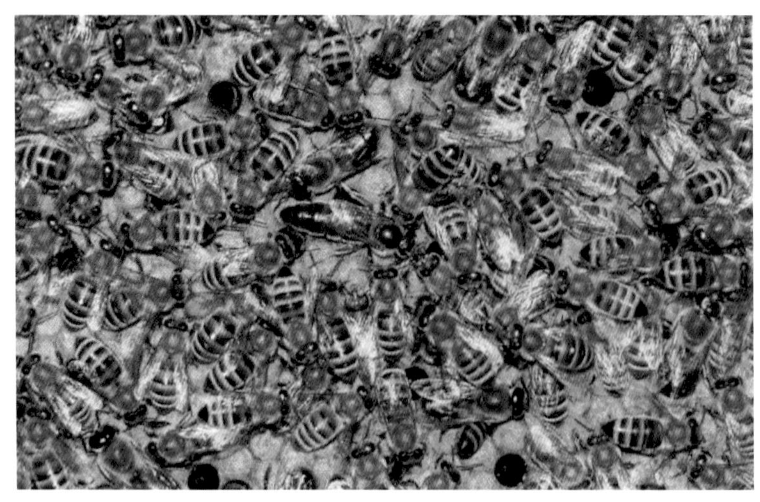

图1-12　高加索蜂

（资料来源：国家畜禽遗传资源委员会. 中国畜禽遗传资源志·蜜蜂志［M］. 北京：中国农业出版社，2011.）

1. 形态特征

高加索蜂个体大小、体形以及绒毛与卡蜂相似，几丁质为黑色。工蜂通常在第1腹节背板上具棕色斑，少数工蜂第2腹节背板上具棕黄色斑；雄蜂胸部绒毛为黑色，工蜂绒毛为深灰色。高加索蜂喙较长，平均为7.0毫米；第4腹节背板绒毛带宽，其宽度平均为1.0毫米；第5腹节背板覆毛长度平均为0.3毫米；肘脉指数平均为2.0。

2. 生物学特性

高加索蜂产育力强，育虫节律平缓，春季群势发展较慢，在炎热的夏季可保持较大面积的育虫区；分蜂性弱，能维持较大的群势；采集力较强；性情温驯，不怕光；采集树胶的能力强于其他任何品种的蜜蜂；爱造赘脾；定向力差，易迷巢；盗性强；在纬度较高的严寒地区越冬性能较差；易感染孢子虫病；易遭甘露蜜中毒。

3. 经济价值

高加索蜂可用于蜂蜜生产，由于其抗病力弱，产蜜量不如卡蜂和意蜂，但现在除原产地外，已很少有人饲养；采树胶的习性特强，是生产蜂胶的理想品种；可为花管较深的植物授粉。高加索蜂和意蜂、卡蜂等杂交后，可表现出显著的杂种优势，增产效果显著。

五、浙江浆蜂

浙江浆蜂为蜂王浆高产型西方蜜蜂遗传资源，原产地在嘉兴和杭州萧山一带。为提高蜂王浆产量，自20世纪60年代开始，杭嘉湖地区的蜂农在生产过程中，对饲养的意大利蜂的泌浆能力进行长期定向选择最终形成了浙江浆蜂。20世纪80年代，浙江浆蜂开始向全省和全国推广。据统计，浙江浆蜂的饲养量约占浙江省蜂群饲养总量的50%（图1-13）。

图1-13　浙江浆蜂（曹联飞 摄）

1. 形态特征

浙江浆蜂蜂王体色以黄棕色为主，个体较大，腹部较长，尾部稍尖，腹部末节背板略黑；雄蜂体色多为黄色，少数腹部有黑色斑；工蜂体色多为黄色，少数为黄灰色，部分背板前缘有黑色带。

2. 生物学特性

浙江浆蜂分蜂性较弱，能维持强群，全年有效繁殖期为10个月左右，冬繁时最小群势为0.5～1框蜂，生产季节最大群势为14～16框蜂；对大宗蜜源采集力强，对零星蜜源的利用能力也强；哺育力强，性情温驯，适应性广，较耐热；饲料消耗量大，易受大小螨侵袭，易感染白垩病。

3. 经济价值

浙江浆蜂泌浆能力特别强。据1987年测定，浙江浆蜂蜂王浆产量比原种意大利蜂平均高2.19倍。经过近些年的持续选育，目前浙江浆蜂的单群蜂王浆每年的产量已普遍超过10千克，但是浙江浆蜂所产蜂王浆中的10-HDA（10-羟基-2-癸烯酸）含量相对较低。

20世纪90年代初，原浙江农业大学等单位收集浙江多个地区的蜂王浆高产蜂群，进行多代选育，形成蜂王浆蜂蜜双高产品种——‘浙农大1号’意蜂。

六、杂交种西方蜜蜂

20世纪80年代以来，我国养蜂科研单位根据我国养蜂生产发展的需要开展了蜜蜂杂交育种研究工作，已陆续育成了若干个高产杂交种蜜蜂并在生产上推广应用，如‘国蜂213’配套系、‘国蜂414’配套系、‘白山5号’蜜蜂配套系、‘松丹’蜜蜂配套系、‘晋蜂3号’配套系、‘中蜜1号’配套系等。

‘国蜂213’和‘国蜂414’是由中国农业科学院蜜蜂研究所刘先蜀等在20世纪80年代后期培育的。其中，‘国蜂213’为蜂蜜高产型杂交种，是由2个高纯度的意蜂近交系和1个高纯度的卡蜂近交系组配而成的三交种，其蜂蜜和蜂王浆的平均单产分别比普通意蜂提高70%和10%；‘国蜂414’是蜂王浆高产型杂交种（其血统构成与国蜂213相似，但组配形式不同），其蜂王浆和蜂蜜的平均单产分别比普通意蜂提高60%和20%。

‘白山5号’‘松丹1号’‘松丹2号’是由吉林省养蜂科学研究所葛凤晨团队，分别于20世纪80年代和20世纪90年代培育的。‘白山5号’是蜜浆兼产型杂交种，它是由2个卡蜂近交系和1个意蜂品系组配而成的三交种，其蜂蜜和蜂王浆的平均单产分别比普通意蜂提高30%和20%；‘松丹1号’是蜂蜜高产型杂交种，它是由2个卡蜂近交系和1个单交种蜜蜂组配而成的双交种，其蜂蜜和蜂王浆的平均单产分别比普通意蜂提高70%和10%以上（图1-14）；‘松丹2号’也是蜂蜜高产型杂交种，它是由2个意蜂近交系和1个单交种蜜蜂组配而成的双交种，其蜂蜜和蜂王浆的平均单产分别比普通意蜂提高50%以上和20%以上。

图1-14　‘松丹1号’

（资料来源：国家畜禽遗传资源委员会. 中国畜禽遗传资源志・蜜蜂志［M］. 北京：中国农业出版社，2011.）

‘晋蜂3号’配套系是由山西省晋中种蜂场于20世纪90年代选育的蜂蜜高产型配套系。它是由1个意蜂近交系、1个安纳托利亚蜂近交系和1个卡蜂近交系组配而成的三交种。在区域试验中，‘晋蜂3号’蜂蜜平均单产比本地意蜂提高27.8%。

‘中蜜1号’配套系是中国农业科学院蜜蜂研究所石巍等利用意大利蜂、卡尼鄂拉蜂为育种素材，经过20多年不间断培育而成的抗螨、蜂蜜高产型蜜蜂配套系，于2015年通过国家畜禽遗传资源委员会审定。该配套系的突出特点是抗螨效果显著，可以显著降低蜂螨损害，同时蜂王产卵能力强，能维持较大群势，采集能力强，产蜜量高，经过中试推广证明，适合我国大部分地区饲养。

第三节　蜜蜂选育

目前蜜蜂选育的主要方法还是常规选育，即纯种选育、杂交育种和杂种优势利用。非常规育种方法，如航天育种、诱变育种等还停留在试验摸索阶段。在蜜蜂选育过程中，需要用到一些常用的技术，如蜜蜂的引种、蜂群性状的考察、蜂群繁育、人工育王、蜂王人工授精等。

一、蜜蜂选育方法

1. 纯种选育

纯种选育又称本种选育或系统选育，也有人将其称为选择育种。它是用某个蜜蜂品种做素材，累代朝着某一目标性状选育，这样经过若干世代后，被选择的目标性状就可能稳定地遗传下去，从而形成目标性状不同于素材品种的新品系（不称新品种）。当某个蜜蜂品种的大部分性状是好的，只有个别性状不理想时，即可采用纯种选育的方法加以改良。例如，美国的五环黄金种蜜蜂就是由意大利蜜蜂纯种选育而成的。我国的浙江浆蜂，也是蜂农利用意大利蜜蜂，经过十几年的纯种选育形成的。蜜蜂纯种选育的步骤主要包括：育种目标确定，育种素材收集，蜂群选育和中试推广。

蜜蜂育种目标通常可分为高产育种、优质育种、抗病育种、抗螨育种和授粉育种等。育种目标应根据养蜂生产实际需要或市场的需求来确定。在将某一性状确定为育种目标的同时，还应综合考虑其他性状的表现。例如，在将蜂产品高产作为育种目标时，还应将蜂产品的品质、蜂群的抗病力、抗逆性等性状作为育种目标兼顾考虑。

收集蜜蜂育种素材至关重要，在很大程度上关系到选育工作的成败，通常在与育种目标相符的蜜蜂品种中收集育种素材。例如，卡蜂咬杀蜂螨的能力强于其他蜂种，因此我们可在卡蜂中收集用于抗螨育种的素材蜂群。

在蜜蜂纯种选育过程中，蜂群的选育无非就是反复的“繁”和“选”。主要方法包括集团繁育、单群选择、闭锁繁育、择优选留。关于繁育的方法将在本节“二、蜜蜂选育常用技术”中介绍。

2. 杂交育种

杂交育种是培育蜜蜂新品种的可行途径。用2个或以上蜜蜂品种（地理亚种）做育种素材，杂交，横交固定后，经过连续选育，从而培育出经济性状不同于素材品种并且能稳定遗传的蜜蜂新品种。杂交育种所需周期一般较长，其步骤主要包括：育种目标确定，育种素材收集及纯化，杂交创新，性状固定和中试推广。

开展纯种选育所需要的育种素材只涉及1个蜜蜂品种（地理亚种），而杂交育种所需要的育种素材，则涉及2个或以上的蜜蜂品种（地理亚种）。应根据育种目标和育种指标的要求以及对各蜂种种性的了解进行素材的搜集。一般说来，育种素材的纯度并不高。纯度不高的杂交亲本，其配合力不会太强，杂交创新的效果也不理想。因此，必须对育种素材进行纯化，通过近交建成几个高纯度的蜜蜂近交系。

根据育种素材的数量和试验蜂场的规模，用高纯度蜜蜂近交系尽量多配制一些杂交组合，以供筛选。用组合对比试验的方法，考察各杂交组合的有关的经济性状和生产性能，具体内容应根据育种目标和育种指标而定，进一步选出符合育种指标要求的杂交组合。

杂交育种最重要的步骤是性状固定，通过自交把目的性状固定下来，从而形成性状可稳定遗传的新品种。

3. 蜜蜂杂种优势利用

所谓杂种优势利用是指2个或以上不同遗传类型的个体杂交所产生的杂种第1代，其生活力、生产性能等方面往往优于2个亲本种群平均值的现象。实践证明，蜜蜂杂交种可大幅度提高蜂产品的产量，与培育蜜蜂新品种相比，培育杂交种所花费的时间相对较短。因此，国内外蜜蜂育种工作者都十分重视蜜蜂杂交种的培育和推广应用工作，如美国达旦养蜂公司培育并推广应用的‘斯塔莱因’和‘米德耐特’双交种蜜蜂，以及我国已培育的多个蜜蜂配套系。蜜蜂杂种优势利用育种的步骤主要包括：育种目标确定、育种素材搜集和纯化、杂交组配和测定、中试推广。

值得注意的是，由于蜜蜂杂种优势利用没有进行性状的固定，杂种第2代会表现出基因型的分离进而失去优势的生活力和生产性能，同时失去表现型的一致性，因此在生产上只能利用杂种第1代。此外，蜜蜂杂种优势利用，必须妥善保存已建成的蜜蜂近交系。

二、蜜蜂选育常用技术

1. 引种

引进蜜蜂良种，不仅是蜜蜂育种材料的主要来源，更是解决某一地区蜜蜂良种问题的基本途径。引种时应根据本地的蜜源和气候条件，针对生产或育种工作的需要，确定引种目标，防止盲目引种。

引进的蜂种要先试验，后推广，通过与当地蜂种做比较，观察适应性和生产性能。由国外引种时必须经动物检疫部门进行检疫，确定无病后方可入关，并在隔离区饲养观察一段时间，证明引进的蜂种无病后才可推广使用。

（1）引进蜂群。

引进蜂群是最直接的引种方式。其优点是可直接对蜂群进行性状鉴定，快速利用，缺点是成本比较高。引进蜂群初期，以5～10群较适宜。春末夏初，蜂群处于发展时期，外界又有蜜源，适宜引进。

（2）引进种蜂王。

引进种蜂王是普适、简单、易行的引种方法。将种蜂王装入备有炼糖和侍卫蜂的邮寄王笼中，方便邮寄或随身携带。种王引入后，可通过间接诱入法将其安全诱入到事先准备好的无王群中。2个月后，该群中的工蜂便基本换成该种王所产的工蜂，即可进行形态和经济性状的鉴定。

（3）引进卵虫。

从种蜂场将种用母群蜂王所产的卵或低龄幼虫，带回本地蜂场培育蜂王。引入的蜂种只能作为母本与本场或本地雄蜂交配以利用其杂种优势。如果距离很近，可将卵脾（不带蜂）用湿毛巾和塑料薄膜包起来，带回后放入蜂群孵化，供育王用。如果引种场距供种单位较远，路程在2天以上，可将刚产有蜂卵的巢脾放入轻便箱内带蜂运回，这样既可保持巢脾处于一定的温度、湿度，又可避免幼虫因在途中时间过长而受其影响。

目前，我国绝大多数生产蜂场采用引进蜂王，用其所产的幼虫培育处女王，与本地原有蜂种的雄蜂交尾，生产上使用的为其所产生的杂种1代。

2. 蜂群性状考察

无论是引种的蜜蜂，还是选育过程中的蜂群选留，以及中试和鉴定，都离不开蜂群性状考察。考察的蜂群性状主要有产育力、群势增长率、分蜂性、采集力、抗病力、抗逆性、形态特征等。

（1）产育力。

产育力又称繁殖力，是蜂王产卵力和工蜂哺育力的总和，一般用有效产卵量——封盖子数来衡量。从试验开始至试验结束，每隔1个蛹期测量1次封盖子数。西方蜜蜂的蛹期为12天，东方蜜蜂的蛹期为11天。为简便起见，可用方格网进行测量（西方蜜蜂用5厘米×5厘米方格网，东方蜜蜂用4.4厘米×4.4厘米方格网），每个方格中约含有100个巢房。试验结束后，绘制产育力的变化曲线（横坐标为测量日期，纵坐标为所测得的封盖子数），统计出有效产卵总量，计算出平均有效日产卵量和最高有效日产卵量。

平均有效日产卵量=总产卵量/总天数

对有效产卵量的考察应与对气候、蜜源条件的观察结合进行，便于了解因不同气候、蜜源等条件下产育力的变化情况。在记录蜂王有效产卵量的同时，可同步对蜂王产卵范围、虫龄次序、蛹房密度等进行观察。

（2）群势增长率。

群势增长率反映蜂群群势的增长速度，它既受产育力、分蜂性、工蜂寿命、抗病力和抗逆性等多种内在因素的制约，又受气候、蜜源条件和饲养管理技术措施等外部因素的影响。一般在繁殖季节统计群势增长率，通过脱蜂前后蜂群的重量差计算蜂重，例如，西方蜜蜂每隔21天，东方蜜蜂每隔20天。

群势增长率=（试验结束时蜂量—试验开始时蜂量）/试验开始时蜂量×100%

（3）分蜂性。

分蜂性是指蜜蜂真正的繁殖力。蜜蜂是营群体性生活的昆虫，其繁殖是通过蜂群数量的增加来实现的。生产上一般都喜欢分蜂性弱的蜂种，分蜂性弱可维持强群，群势强才可获得蜂产品的高产。分蜂性强会给饲养管理带来很多麻烦，且分蜂热的出现还会影响蜂群的正常活动，从而导致蜂产品减产。在一般饲养管理条件下，对蜂群进行观察，考察其维持最大群势的能力，即达到多少框蜂时发生分蜂热，就可评价其分蜂性的强弱。

（4）采蜜力。

采蜜力是指在大流蜜期内对花蜜的采集能力，可用日进蜜量或者每足框蜂的产蜜量来衡量。在大流蜜期内，用采集蜂组成受试蜂群，群中只有蜂王和采集蜂，并有与蜂数相称的空脾以备贮存花蜜，调整群势，待各组合（或各群）的群势一致后，便开始对比。通过1天或若干时间的采集后，将巢脾中的花蜜全部取出称重，计算获得每群每天的进蜜量。也可在大流蜜期开始之前全场定群1次，记录每个蜂群的蜂量和子脾情况等，再测定各群的总取蜜量，算出各群每足框蜂的产蜜量。蜂群采蜜力的考察可在2～3个大流蜜期内进行，连测5～10次。

（5）产浆力。

用测定若干个生产周期（68～72小时）的蜂王浆产量高低来衡量。在同一蜜粉源场地，采用相同的蜂王浆生产器具和台基数目，同时移入日龄一致的幼虫，待70小时后取浆称量，即为该蜂群每次蜂王浆产量。连续测20次以上，平均后可计算各蜂群的蜂王浆产量。

（6）采粉力。

在大宗粉源花期，保证试验蜂群内子脾结构和工蜂组成正常的情况下，在蜂群的巢门口安装脱粉器，每隔一定时间收集巢门口的花粉并称重，测定20批以上，计算各蜂群的平均采粉量。

（7）抗病力。

抗病力是指蜂群对疾病的易感性和抵抗力。一般分强、中、弱三级记录。

强：不受饲养地区普遍发生的疾病感染，或能自愈。

中：感染饲养地区普遍发生的疾病后容易自愈。

弱：容易感染饲养地区普遍发生的疾病，且发病严重，不易自愈。

（8）抗逆性。

抗逆性是指蜂群对不良环境条件的抵御能力和适应能力，主要是抗寒性和耐热性。对同一场地、群势相似、饲料基本一致的蜂群进行考察，记录越冬前后和越夏前后的群势下降率，即可评估蜂群的抗寒性和耐热性。

（9）形态特征鉴定。

不同品种、不同类型的蜜蜂，具有不同的形态特征。形态鉴定的主要依据体色、吻长

（图1-15）、前翅长宽、第3腹节背板长度、第4腹节背板上的绒毛带、第5腹节背板上的覆毛、肘脉指数（图1-16）等特征。形态鉴定需要解剖蜜蜂，要将蜜蜂放置在蜜蜂形态测定仪上进行。

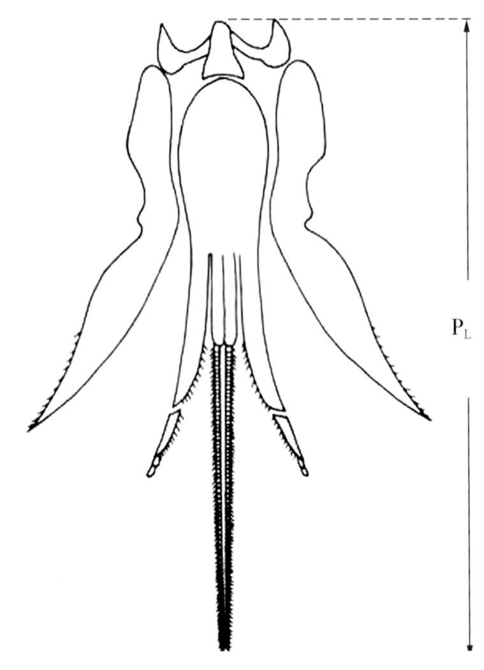

P_L：吻长

图1-15　蜜蜂吻长测定

（资料来源：吴杰. 蜜蜂学[M]. 北京：中国农业出版社，2012.）

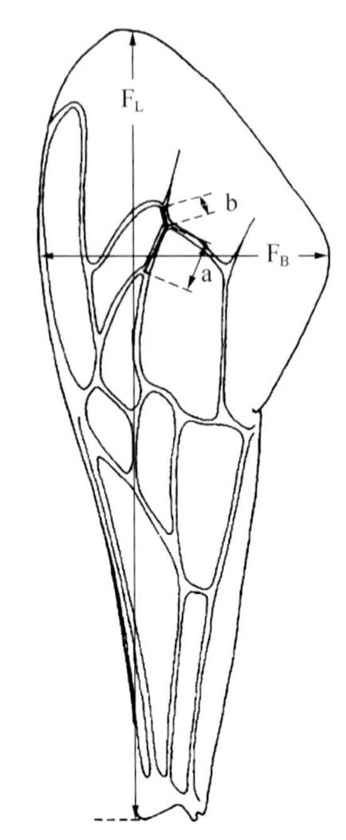

F_L：前翅长；F_B：前翅宽；a/b：肘脉指数

图1-16　蜜蜂前翅测定

（资料来源：吴杰. 蜜蜂学[M]. 北京：中国农业出版社，2012.）

3. 蜂群繁育

繁育就是传宗接代，这里是指纯种的传宗接代，它是在选种的基础上进行的。当获得优良性状的蜂群后，只有通过正确的方式进行繁育，才能使子代蜂群最大限度地保持优良性状并出现更加优良的蜂群。在蜜蜂选育中，繁育的基本方式有3种，即单群繁育、集团繁育和闭锁繁育。

（1）单群繁育。

单群繁育就是父群和母群为同一个蜂群的繁育方式，即父本蜂王和母本蜂王为同一只蜂王的繁育方式，实际上就是兄妹交配。若累代都进行单群繁育，并在每代蜂群中进行单群选择，便可由最初的那个种群分选出若干个种性大同小异的“系”来，这些系就是近交系。最初的种群就是这些近交系的系祖。

单群繁育的优点：代次越高，其蜂群的纯度也越高。其缺点：随代次的增加，蜂群的生活力降低，近亲衰退现象逐渐严重；由于性位点纯合而造成的插花子脾现象会更严重，导致高达50%的空房率。这一缺点可用同一系祖的若干近交系之间的杂交或混交来加以克服。

（2）集团繁育。

将若干个蜂群分成父群组和母群组。用父群组内所有的蜂群培育种用雄蜂，并且保持各蜂群培育的雄蜂数量大致相等；用母群组内所有的蜂群培育处女王，并且各蜂群培育的处女王数量要大致相等。用控制自然交尾的方法或用混精人工授精的方法使处女王和种用雄蜂进行交配。每代都进行单群选择，并将选出的若干个蜂群同样分成父群组和母群组。

在进行集团繁育时，其组配形式包括同质组配和异质组配。同质组配，即父群组和母群组在性状表现上差异很小；异质组配，即父群组和母群组在性状表现上各具特色。对种性因混杂而退化的蜂种进行提纯时，最好采用同质组配；对种性因近亲繁殖而衰退的蜂种进行复壮时，最好采用异质组配。

集团繁育的优点是一般不会出现亲缘关系太近的交配，因此其后代蜂群的生活力一般不会很快衰退，其缺点是后代蜂群的纯度往往不会太高。

（3）闭锁繁育。

闭锁繁育最适用于蜜蜂保种工作。将所有的蜂群组成1个种群组，每个蜂群既是父群又是母群。每个蜂群培育的种用雄蜂数量、处女王数量基本相等。采用控制自然交尾的方法或混精人工授精的方法使处女王和种用雄蜂进行交配。每个世代都进行单群选择，并采用母女顶替法或择优选留法留种。

闭锁繁育的优点是既可有效防止外来基因渗入，又可尽量避免基因丢失，最大限度地保持该蜂种的种性（基因型）不变，其缺点是技术要求高，工作量大，所需的蜂群数量多。

4. 人工育王

为了增殖蜂群或选育推广良种，人为改善群内环境，制造台基并移入卵虫，让工蜂哺育，从而有计划地培育蜂王，称为人工育王。只有使用人工育王技术，才能根据需要得到足够数量的蜂王，进行人工分蜂，从而使选育成为可能。

（1）人工育王的时间和条件。

一般来说，春季和秋季较适宜。首次育王最好在当地首个主要流蜜期或主要辅助蜜源期进行，末次育王应在当年最后一个流蜜期前期进行。育王时外界要有丰富的蜜粉源，处女王交尾期间天气较好。首次育王一般要见到雄蜂出房或快要出房时才能进行，或者在人工育王至少20天前开始培育雄蜂，从而保证蜂王交尾时有大量的适龄雄蜂。

（2）人工育王的工具。

主要包括育王框、蜡杯棒、移虫针等（图1-18，图1-19）。

育王框用于培育蜂王，长与巢框相同，宽约为巢框一半，也可直接使用产浆框。框架的侧条上等距离安装2～3根木条（台基条），每根台基条上等距离粘上8～12个蜡杯（或塑料王台）。蜡杯应先粘在较薄的竹片或是木片上，然后粘在台基条上。

图1-18 育王框（曹联飞 摄）

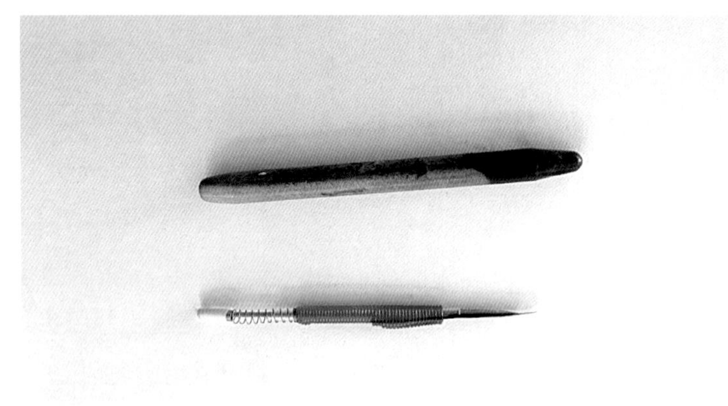

图1-19 蜡杯棒和弹性移虫针（曹联飞 摄）

蜡杯棒是制作蜡杯的工具，由10厘米左右长的硬木棒制成，将一端加工成直径7～8毫米，距端部10毫米处直径约为10毫米的光滑半球形。使用前先将蜡杯棒在水中浸透，然后将蜡杯棒端部浸入熔化蜡液10毫米深处，立即取出稍待冷却，再迅速浸入、提起，其后每次浸入减少1毫米，连续2～3次，形成10毫米深的蜡杯，最后在冷水中稍浸并取下。

移虫针是将工蜂小幼虫移到人工台基内的工具，有弹性移虫针、金属移虫针等。

（3）人工育王的主要步骤包括组织育王群、整台基、移虫、组织交尾群等步骤。

①组织育王群。移虫前1天选择有分蜂热的强群，蜂王年龄要在1年以上，用隔王板隔成两室，一室放老蜂王和2张巢脾，另一室作为育王区，中间放2张卵虫脾，边上为封盖子脾和蜜粉脾。也可直接采用无王群育王。

②整台基。移虫当天先将已安装了人工台基的育王框放进育王群育王区的中间位置，让蜜蜂修整2小时左右，待台口有收口时，即可提出移虫。

③移虫（图1-20）。移虫应在避风、明亮和阳光不直射的整洁场所进行，气温宜在20℃

以上，湿度在80%以上，可以提前在地上洒水以提高湿度。从蜂场选择综合性状好、群势强、分蜂性弱、抗病性强的1～2个蜂群作为母系群，从母系群中取出事先选好的幼虫脾（蜂王产卵后第4天的子脾）。先往人工台基里点入少许稀王浆或者蜂蜜，然后从幼虫脾中挑选1日龄以内的幼虫（虫体呈新月形、蛋清色、大小和卵相似），用移虫针将其移到人工台基内。注意在移虫过程中，移虫针的针尖要从虫体背部插入，不能触及虫体，幼虫入台时，不能让幼虫翻身，也不要将蜂王浆或蜂蜜覆盖在幼虫上面，幼虫的位置应处在王台底部的正中央。为提高王台接受率，可采用复式移虫，即在移虫后的第2天，将育王框取出，刷去蜜蜂，将原先移的虫用消过毒的镊子小心地挑出，随即再次往原位移入1只新的适龄幼虫，再放入育王群内。

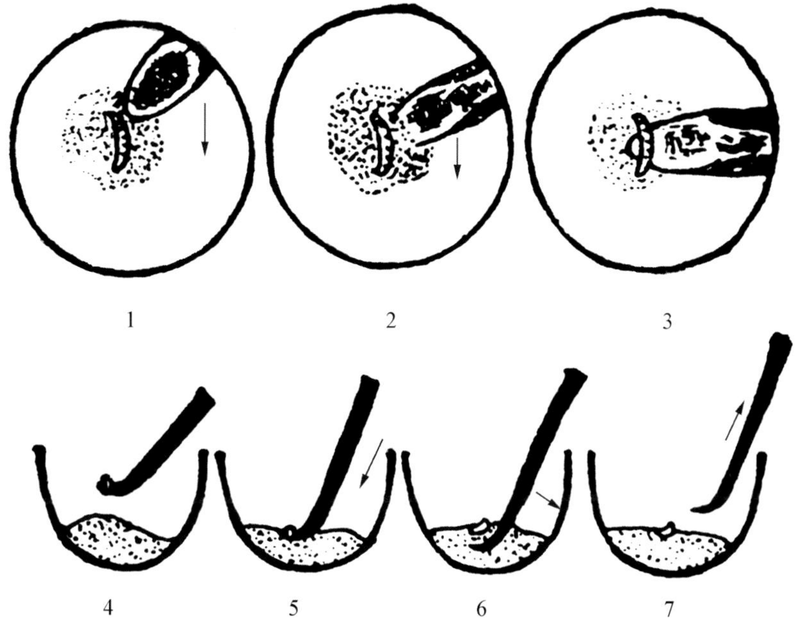

1—3：挑取小幼虫　4—7：移入小幼虫

图1-20　移虫过程示意图

（资料来源：刘先蜀. 蜜蜂育种技术[M]. 北京：金盾出版社，2002.）

④移虫后的蜂群管理。移虫后不要轻易开箱检查，尽量减少干扰，可于晚上进行奖励饲喂，箱内花粉不足时还要饲喂花粉。在移虫后当天或次晨检查一下接受率和哺育情况。移虫后第5天检查王台封盖情况，摘掉差的王台和自然王台。第9天清点王台数，准备交尾群。

⑤组织交尾群。交尾群是供诱入成熟王台或处女王，让其出台、交尾、产卵和生活的一种小蜂群。交尾箱可用普通蜂箱改装，中间用隔板把蜂箱隔成2～4个小室即可，巢门开在不同方向。组织交尾群应在诱入王台1天前完成，从强群中提1个带幼蜂的即将出房的封盖子脾和1个蜜粉脾，放入交尾箱的每1个室内。交尾群最好离饲养场有一定距离，以防止回蜂。

⑥诱入王台。一般在移虫后第11天，即在新王出房前1天，把成熟王台诱入交尾群中。小心提出育王框，用小刀将王台完整地切割下来，动作要轻。诱入王台前，要彻底检查交尾群，不要有急造王台在内。诱入王台时先用拇指在巢脾的中上方压出1个长方形小坑，将王台嵌在坑内，但王台尾端要略微向外倾斜，以便处女王出房。

⑦交尾群的管理。诱入王台后的第2天，要仔细检查交尾群。如处女王出房，空王台应随手掰掉，如发现死王台或处女王质量不佳等应予淘汰，再重新诱入备用王台或处女王。出台后10天左右，检查处女王交尾产卵情况，检查宜在下午进行。如外界情况正常，超过半个月仍未产卵，应及时剔除。

⑧产卵王的诱入。诱入蜂王之前，应提前1天拿掉蜂群里所有的王台和老王。在断蜜期诱王，应在2天前连续对蜂群进行饲喂；给失王较久、老蜂多子脾少的蜂群诱王，应提前1～2天补给幼虫脾；给强群诱入蜂王，应把蜂箱搬离原位，把部分老蜂分离出后再诱入蜂王。万一诱入过程中蜂王被困，可向蜂团上喷洒蜜水或清水，使围王工蜂散开，蜂王解围后用蜜水喷洒全群，再将蜂王放入。

5. 蜂王人工授精

人工授精，是一种用器械收集雄蜂精液，并将其输入蜂王输卵管中，以实现蜂王和雄蜂交配的方法。在自然状态下，蜂王和雄蜂的交配（称为交尾）是在空中进行的，其交尾飞行的范围很大。在山区，处女王的婚飞半径为2～5千米，雄蜂的婚飞半径为5～7千米；在平原地区婚飞半径则更大。因此，只有使用蜂王人工授精技术，才可能有目的、按计划进行蜂群间的组配杂交。当然，如果有良好的地理隔离条件，利用空间隔离交尾也可以实现特定的组配杂交。

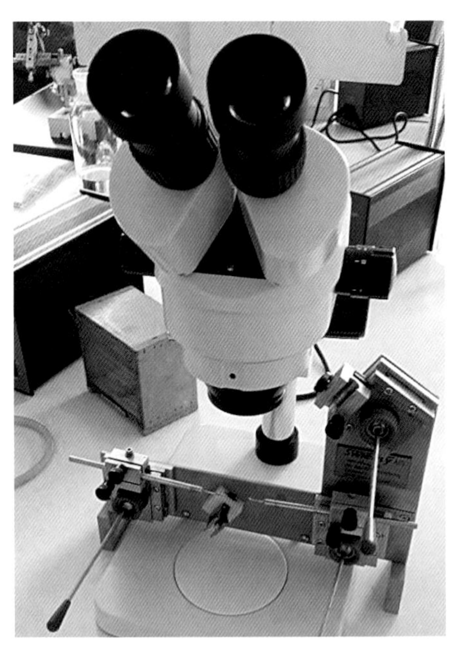
图1-21　蜂王人工授精仪（曹联飞 摄）

（1）蜂王人工授精设备。

蜂王人工授精仪（图1-21）一般由底座，背、腹钩操纵杆固定柱，蜂王固定器（麻醉室）和固定注射器的三向导轨组成。新型人工授精仪附带显微镜，便利手工操作。

（2）蜂王和雄蜂的培育。

研究表明，用10～21日龄的雄蜂精液，给7～14日龄的处女王进行人工授精，效果最好。因此，在培育种用雄蜂和处女王时，应尽量使其最适日龄相吻合，即在育王前20天就应开始培育种用雄蜂，处女王的培育可参照前面介绍的人工育王技术。雄蜂的培育通常将雄蜂脾插入蜂王活动区内，诱导蜂王在雄蜂脾上产未受精卵。

（3）蜂王人工授精主要包括收集雄蜂、取精、授精等步骤。

①收集雄蜂。性成熟的雄蜂腹部缩小变硬，部分绒毛脱落。上午10点以前打开蜂箱，可直接在边脾或箱底找到；下午在巢门口捕捉到的归巢雄蜂，取精效果最佳。

②取精（图1-22）。用右手的食指和拇指捏住雄蜂的头胸部，腹背向左；用左手的拇指轻轻抚压雄蜂的腹背，诱发雄蜂腹部肌肉收缩，内阳茎逐渐外翻，直至其前端流出浅黄色的精液。一般情况下，在精液后面，还会流出一些黏稠的白色液体，是黏液。雄蜂排精后，要及时将精液吸入玻璃针头内，以免精液流散。

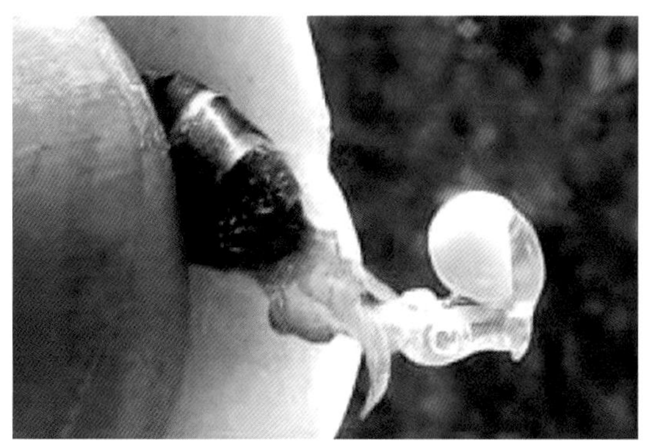

图1-22　取精（曹联飞 摄）

③授精（图1-23）。使蜂王爬入固定管后，控制二氧化碳流量使蜂王处于麻醉状态。利用背钩和腹钩打开蜂王螫针腔，将注射器针头对准阴道口，慢慢插入约0.5毫米，注入精液时速度要慢。

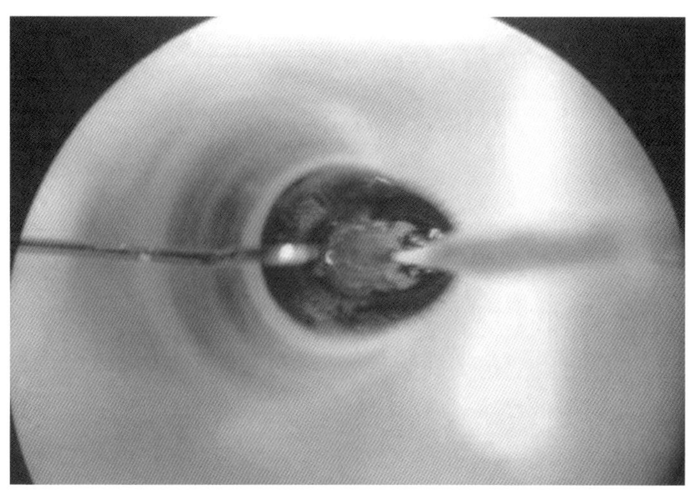

图1-23　授精（曹联飞 摄）

第二章　蜜蜂的饲养管理

蜜蜂的饲养管理技术在养蜂业中占据重要地位，是保障蜂产品优质高效生产和为农作物提供授粉服务的先决条件，需要根据蜜蜂的生物学特性和外界气候、蜜源、病敌害等环境状况，并按照人类的目的和要求对蜂群施加管理和特殊的组织，有效地引导蜂群活动，以完成各项所需任务。适时培养和维持强群，掌握蜂群适龄采集蜂出现的高峰期以与主要蜜粉源的花期相吻合，是奠定蜂产品高产以及高效授粉的基础。

第一节　蜜蜂基础生物学

蜜蜂是一种典型的社会性昆虫，营群体生活，蜂群内部分工明确，个体之间存在着丰富有趣的信息交流语言。蜜蜂是研究社会行为学、神经生物学、行为遗传学、免疫学等良好的模式生物。

一、蜂群

在蜜粉源丰富的季节，蜂群由1只蜂王、数百至数千只雄蜂和数万只工蜂组成。在外界环境不利的情况下（如蜜粉源不足、天气酷暑或严寒），蜂群中通常只有蜂王和工蜂，且工蜂数量相对较少。在非正常情况下，蜂群中没有蜂王，该现象被称为“失王”，出现该现象的蜂群被称为“无王群”。无王群中如果有蜂王产下的受精卵或3日龄以内的工蜂幼虫，蜂群将会在巢内改造王台、培育新蜂王；若没有受精卵或工蜂小幼虫，则很容易发生工蜂产卵的非正常现象，且工蜂所产下的卵只能发育为个体较小的非正常雄蜂，最终将导致整群的覆没。

1. 三型蜂

蜂群是由2种性别、3种类型的蜜蜂个体所组成，分别是蜂王、工蜂和雄蜂（图2-1，图2-2）。其中，蜂王和工蜂是由双倍体的受精卵发育而来的雌性蜜蜂，雄蜂是由单倍体未受精卵发育而来的雄性蜜蜂。这3种类型的蜜蜂统称为“三型蜂”。

图 2-1　意大利蜜蜂“三型蜂”

图 2-2　中华蜜蜂“三型蜂”

蜂王是发育完全的雌性蜂，在三型蜂中体形最大，其职能是产卵。工蜂是在受精卵孵化后前 3 天取食蜂王浆、后改食花粉和蜂蜜调制的蜂粮，并在工蜂巢房中发育成的生殖器官不完全的雌性蜂。工蜂负责蜂群中的各项职能，如哺育幼虫、饲喂蜂王和雄蜂、酿制蜂蜜、分泌蜂蜡、修筑巢房、守卫和采集等活动。雄蜂是蜂群中的雄性个体，唯一的职能就是与蜂王交尾。三型蜂分工合作，共同维持群体生活。

2. 群势

群势是指整群蜜蜂中工蜂个体的数量，是反映蜂群繁殖力和生产力的主要标志。蜜蜂群势的概念，在养蜂生产中有狭义和广义之分，狭义的群势仅指工蜂成虫的数量，广义的群势则包括工蜂的卵、幼虫、蛹和成虫。卵、幼虫和蛹可统称为“蜂子”。蜜蜂群势单位有只、千克、足框。“只”多用于基本概念中，在生产实践中很难准确数清整群蜜蜂有多少只。“千克”作为蜜蜂群势的单位适用于工蜂成虫的数量测定，易操作，较准确。“足框”指的是朗氏标准蜂箱的完整巢脾，其两侧脾面所有巢房均有蜂子即为 1 足框蜂子；两侧脾面（不包括框梁）爬满蜜蜂，不重叠、无空隙，脾面上工蜂成虫数量为 1 足框蜂。蜂子发育成熟、羽化出房后，在脾面上通常占据 2.5 个巢房的位置，所以 1 足框蜂子可发育为 2.5 足框成蜂。

蜜蜂群势强盛（强群）是养蜂优质高产的基础。蜜蜂群势随气候和蜜粉源等的周期性改变而有规律的变化，主要影响因素有蜂王产卵力、蜂群哺育力、工蜂寿命和蜂群分蜂性等。一般而言，西方蜜蜂所能维持的群势强于东方蜜蜂。西方蜜蜂中，欧洲亚种比非洲亚种群势强，东方蜜蜂中，中华蜜蜂比印度蜂的群势强。

二、蜜蜂的发育特征

蜜蜂是完全变态的昆虫，三型蜂都经过卵、幼虫、蛹和成蜂4个发育阶段。

1. 发育过程

（1）卵。

香蕉形，乳白色，卵膜略透明，稍细的一端（在巢房底部）是腹末，稍粗的一端（朝向巢房口）是头部。卵内的胚胎经过3天发育孵化成幼虫。

（2）幼虫。

白色蠕虫状，起初呈“C”形，随着虫体的长大，虫体伸直，头朝向巢房，由工蜂饲喂。受精卵孵化成的雌性幼虫，如果在前3天被饲喂蜂王浆，之后被饲喂蜂粮，它们就发育成工蜂。同样的雌性幼虫，如果在幼虫期被不间断地饲喂大量的蜂王浆，就将发育成蜂王。

工蜂幼虫成长到6日龄末，由工蜂将其巢房口封上蜡盖。封盖巢房内的幼虫吐丝作茧，然后化蛹。封盖的幼虫和蛹统称为封盖子，有大部分封盖子的巢脾叫作封盖子脾。工蜂蛹的封盖略有突出，整个封盖子脾看起来比较平整。雄蜂蛹的封盖凸起，而且巢房较大，两者容易区别。工蜂幼虫在封盖后的2日末化蛹。

（3）蛹。

自蛹期起内部器官开始分化，逐渐呈现出头、胸、腹，此时附肢也渐显露，颜色由乳白色逐步变深。发育成熟的蛹，脱下蛹壳，咬破巢房封盖，羽化为成蜂。

（4）成蜂。

刚出房的蜜蜂外骨骼较软，体表的绒毛十分柔嫩，体色较浅。不久外骨骼即硬化，四翅伸直，体内各种器官逐渐发育成熟。

2. 三型蜂的发育期

蜜蜂在胚胎发育期要求一定的生活条件：如适合的巢房，适宜的温度（34～35℃），适宜的湿度（75%～90%），充足的饲料以及足够的饲喂等。在正常情况下，同品种的蜜蜂由卵到成蜂的发育期大体是一致的。如果巢温过高（超过36.5℃），发育期将会缩短，甚至发育不良，翅卷曲，或中途死亡。如果巢温过低（32℃以下），发育期会推迟，或受冻伤。中华蜜蜂（即中蜂、土蜂）的发育期略短，中蜂工蜂的发育期约20天，意蜂工蜂的发育期为21天（表2-1）。

表2-1　意蜂和中蜂三型蜂的发育历期

型别	蜂种	卵期/天	未封盖幼虫期/天	封盖期/天	出房日期/天
蜂王	中蜂	3	5	8	16
	意蜂	3	5	8	16
工蜂	中蜂	3	6	11	20
	意蜂	3	6	12	21
雄蜂	中蜂	3	7	13	23
	意蜂	3	7	14	24

第二节　养蜂操作管理工具

一、蜂箱

蜂箱是蜂群饲养和管理中最基本的设备，也是蜂群生活和生产蜂蜜、蜂王浆、蜂蜡、蜂花粉、蜂胶、蜂毒、蜜蜂虫蛹等蜜蜂产品的固定场所。蜂箱的种类很多，较为原始的箱体是利用圆桶形的树皮、空心树段、木桶或用柳条、细竹、稻草编织而成（图2-3），现代养蜂通常使用活框蜂箱来饲养蜂群。现在世界上使用的活框蜂箱很多，尺寸形状各不相同，但所有的活框蜂箱都是根据蜂路的原理设计的，其基本结构也都相似。

图2-3　原始类型蜂箱

蜂路指蜂箱内巢脾与巢脾、巢脾与箱壁、巢脾与隔板之间蜜蜂活动的空间。蜂路是蜜蜂在巢内通行和活动的地方，在加强巢内空气交流和减少温度散失方面也起到一定作用。蜂路的大小必须根据蜜蜂的生物学特性来决定：蜂路过大，易造赘皮，不利保温；蜂路过小，易压伤蜜蜂，或蜜蜂用蜂胶和蜂蜡将蜂路堵塞，影响通行；框间蜂路过小还易使蜜蜂咬脾。通常而言，脾间蜂路为9～10毫米（一般中蜂蜂路较意蜂蜂路稍窄）。为保护巢脾，巢框上梁的设计通常较巢脾宽2毫米，因而活框蜂箱中巢框间的距离应为7～8毫米。

蜂箱需长期露天放置，因此制造蜂箱需选用坚实、质轻、不易变形的木材，而且要充分干燥。北方多以红松、白松、椴木、桐木制造；南方以杉木制造较好。目前我国饲养西方蜜蜂使用最普遍的蜂箱是朗氏蜂箱（图2-4），由巢框、箱身、箱底、巢门板、副盖（或纱盖）、箱盖以及隔板组成。需要时可在箱身上叠加继箱，及时扩大蜂巢，充分发挥蜂王的产卵力，培养强群。使用隔王板可把巢箱的育虫区和继箱的贮蜜区分隔开，有利于提高蜂蜜的质量和加速蜂蜜的成熟。为了便于运输，转地饲养多采用固定箱底蜂箱，并在蜂箱和继箱的前后壁设置可开闭的纱窗，以便于蜂群的散热或保温。

图2-4 朗氏蜂箱

全塑蜂箱是近年间出现的一种以优质塑料取代传统的实木为原材料而制成的蜂箱（图2-5）。可克服木质蜂箱体因长期暴露于风吹雨淋日晒的户外易被腐蚀、易生巢虫等缺点较为明显。相较于木质蜂箱，全塑蜂箱具有保温佳、耐磨压、抗老化、无污染、寿命长等优越性，且通常融合了现代化养蜂所需的饲喂、脱粉、采胶、治螨等多项功能，但全塑蜂箱成本相对较高。

图2-5 全塑蜂箱

二、蜂具

蜜蜂饲养管理用具有很多种，其中巢础、起刮刀、面网、蜂刷、摇蜜机、隔王板等是必不可缺的，其他蜂具如生产蜂王浆、蜂花粉等的用具可根据需要购置。

1. 蜂群管理常用工具

（1）巢础。

巢础（图2-6）是安装在巢框内供蜜蜂筑造巢脾的基础，生产上主要有中蜂工蜂础、意蜂工蜂础和意蜂雄蜂础。

图2-6　巢础

（2）起刮刀。

起刮刀（图2-7）是养蜂专用工具，通常用来撬动、刮铲等操作，如撬动副盖、刮铲蜂箱内和巢框上的蜂蜡等。

图2-7　两种常见类型的起刮刀

（3）面网和防护服。

面网和防护服（图2-8）是管理蜂群时的防护工具，避免人体遭受蜂蜇。

图 2-8　各式各样的面网和防护服

（4）喷烟器。

喷烟器（图 2-9）由发烟筒和风箱两部分组成，发烟筒由燃烧室、炉栅、筒盖构成，是征服或驱逐蜜蜂的工具。使用时，将干草枯叶等点燃后放入燃烧室中，将筒盖盖好，然后压缩风箱鼓风，使烟喷出，但要注意避免喷出火星。喷烟器多用于检查蜂群、取蜜、合并蜂群、诱入蜂王等蜂群管理操作。

（a）传统鼓风喷烟器

（b）新型电动喷烟器

图 2-9　喷烟器的种类

（5）蜂刷。

蜂刷（图2-10）主要用来扫除巢脾、箱体、巢框等蜂具上附着的蜜蜂，通常是用不易吸水的白色马鬃或马尾毛制成。

图2-10　蜂刷

（6）隔王栅。

隔王栅是控制蜂王产卵和活动范围的栅板。蜂王腹部较大，可在隔王栅上设计许多能让工蜂自由通过，却无法让蜂王通过的空隙。隔王栅可分为平面隔王栅和框式隔王栅（图2-11）。

①平面隔王栅把育虫区和贮蜜继箱分隔开，以便于取蜜并提高蜂蜜质量。

②框式隔王栅插在巢箱内，可控制蜂王在几个脾上产卵。

（a）平面隔王栅

（b）框式隔王栅

图2-11　隔王栅的种类

（7）饲喂用具。

补充饲喂蜜汁、糖浆或水的用具有多种，常用的有以下几种。

①巢门饲喂器（图 2-12）。由一个广口瓶和底座组成，主要用于巢门口饲水和饲盐。

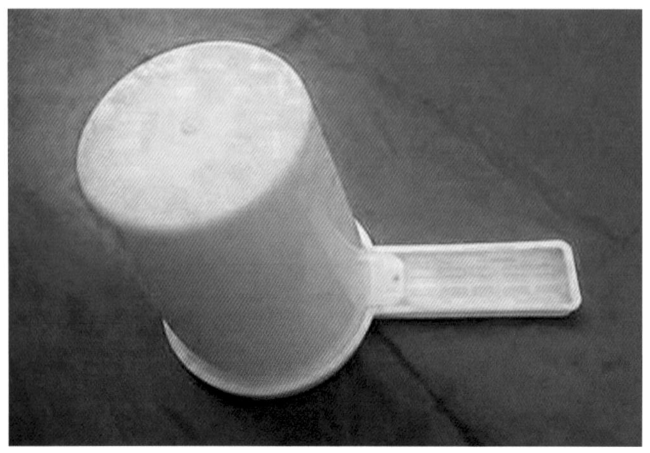

图 2-12　巢门饲喂器

②框式饲喂器（图 2-13）。大小与标准巢框相似的长扁形饲喂槽，是最常用的糖浆饲喂器。

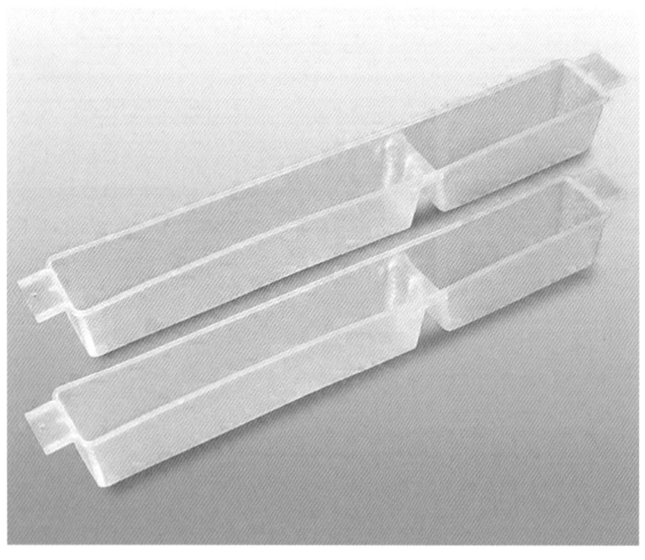

图 2-13　框式饲喂器

③巢顶饲喂器。放置在框梁上的浅盘饲喂器，适宜紧急补充饲料和饲喂越冬饲料。

（8）蜂王诱入器。

①竹制囚王笼（图 2-14）。广泛使用的一种用竹丝制作的蜂王笼，体积约 20 毫米 × 33 毫米 × 50 毫米，每根竹丝间距 3 毫米，多用于晚秋或冬季，将蜂王关入笼内使之停产，以便防治蜂螨。

图 2-14　竹制囚王笼

②邮寄蜂王笼（图 2-15）。当前较为常见的一种塑料王笼，体积约 13 毫米 × 36 毫米 × 80 毫米。透气的一端用于囚禁 1 只蜂王和 5 只左右的工蜂（饲喂蜂王）；封闭的一端有一小槽可存放炼糖，供蜜蜂取食。可用来诱入蜂王，亦可以囚禁或邮寄蜂王。

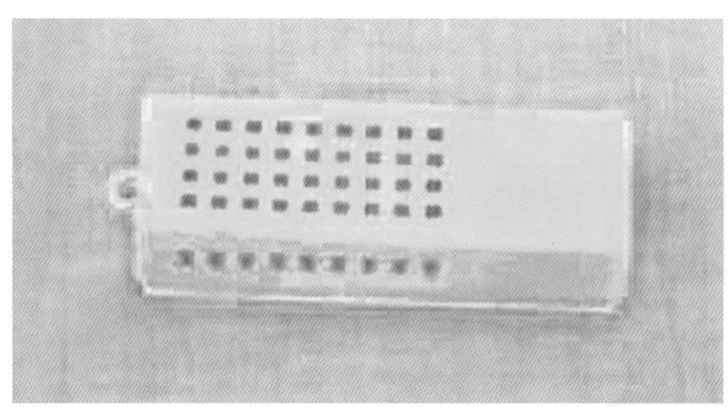

图 2-15　邮寄蜂王笼

③扣脾诱入器（图 2-16）。扣脾诱入器是一个长方形的铅丝纱笼，四壁的下部有铁片制的齿牙，可以压入巢脾，下部有一可抽出的铁片底板。

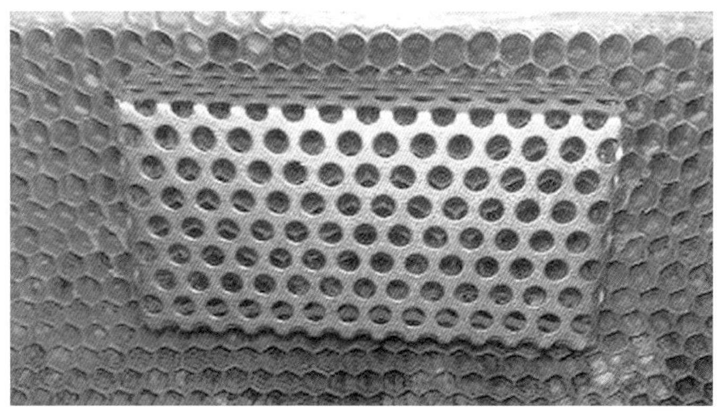

图 2-16　扣脾诱入器

④全框诱入器(图2-17)。以塑料制成的内部宽度约43 毫米、高度约245毫米的框架,刚好可装入1个巢脾,顶部有盖板。侧面可装栅板,可调节缝隙大小,即可控制是否允许工蜂出入,可作为蜂王产卵控制器使用。

图2-17　全框诱入器

2. 采蜜工具

收集蜂蜜所需要的最基本的工具是割蜜刀(割蜜铲)和摇蜜机(图2-17,图2-18)。

割蜜刀的主要用途是切除封盖蜜脾上的蜡盖;摇蜜机也称为分蜜机,主要由桶身、转动巢框支架和传动部件组成。摇蜜机的种类很多,我国蜂场普遍使用的是构造简单、体积较小的两换面、三换面或四换面式手动摇蜜机。

图2-18　大型摇蜜机

图2-19　我国蜂场常用的小型摇蜜机

3. 人工育王、王浆生产工具

人工育王和王浆生产的主要工具有育王框和产浆框、蜂蜡台基棒、塑料台基、移虫针等。

育王框（图2-20）是用于安装人工台基培育蜂王的框架，其高度和宽度与巢框相同，厚度为13毫米，框内有3～5条台基条供安装台基，每条通常安装10～15个人工台基。育王时，在台基中移入适龄幼虫后，将育王框插入育王群培育。

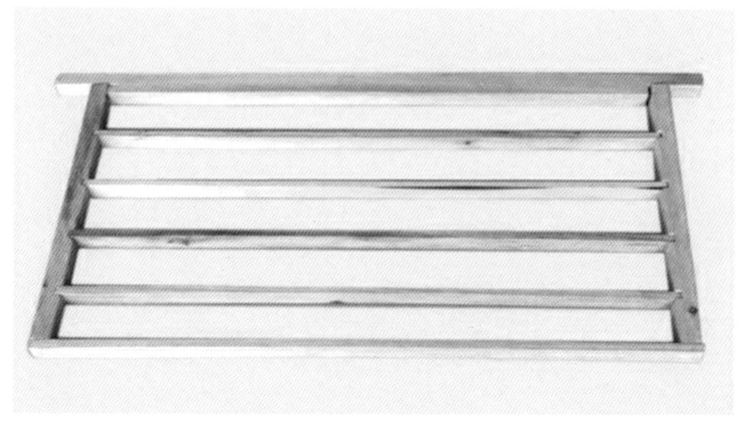

图2-20　育王框

产浆框（图2-21）与育王框相似，用于安装人工台基以生产蜂王浆，框内有3～4个台基条，每条可装25～30个人工台基。产浆时，在台基中移入适龄幼虫后将产浆框插入蜂群，诱使哺育蜂吐浆。

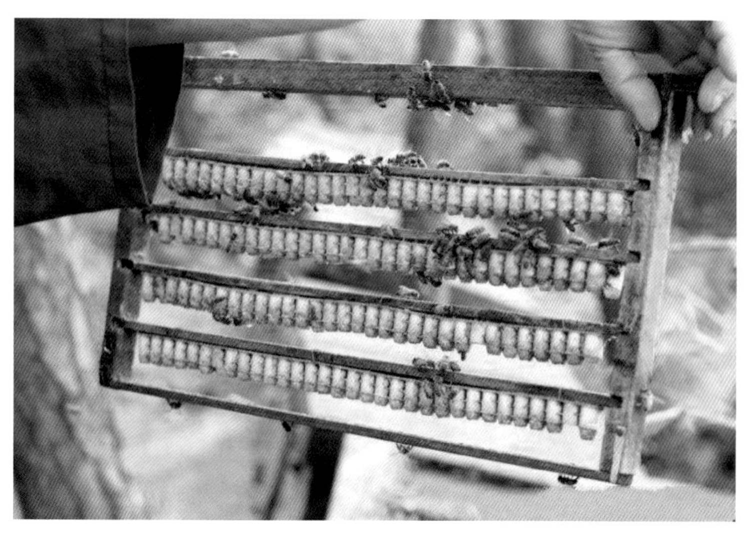

图2-21　产浆框

移虫针（图2-22）有牛角片和活动舌头，活动舌头外由针管以及与活动舌头配合的复位弹簧所组成。使用时，将舌片深入有1日龄工蜂小幼虫的巢房底部，舌片会自动弯曲并将幼虫带浆托起在舌片的前端，随后将幼虫移入台基中央，食指轻压弹性推虫杆将幼虫放入台基底部。

图 2-22　移虫针

4. 花粉采收工具

脱粉器是采收蜂花粉的工具，使用时放置在巢门口，进入蜂箱的蜜蜂必须通过脱粉器，从而截取并收集外勤工蜂采集携带归巢的花粉团。

第三节　蜂群的基础管理

蜂群的基础管理又称一般管理，是指养蜂生产中经常而普遍运用的管理措施，贯穿于一年四季。搞好蜂群的基础管理工作，是培养和维持强群、取得丰收的重要保障。

一、养蜂场地选择

选择放蜂场地时要了解蜜源、粉源、水源、地势、小气候、交通等情况。以生产蜂产品为主的理想养蜂场址，应具备蜜粉源丰富、水源良好、交通方便、小气候适宜、场地面积开阔、蜂群密度适当和人蜂安全等基本条件。

1. 蜜粉源

蜜粉源是蜜蜂赖以生存和发展的物质基础，丰富的蜜粉源是养蜂生产的最基本条件。在蜂群繁殖和生产季节，离蜂场 2 千米内要有 1 种以上的主要蜜源和多种花期交错的辅助蜜粉源，蜂场距离蜜源植物越近越好。花期短、流蜜涌的蜜源场地，最好将蜂群放在比成片蜜源地势略低的下风方位，有利于蜜蜂逆风而去，顺风下坡，满载而归。蜂场也可位于蜜源中心。

2. 水源

蜂场附近要有良好的水源，如小溪、水渠、水井等，以保证蜜蜂采水和养蜂人员生活用水。但蜂场不能设在水库、湖泊、河流等大面积水域附近，以避免蜜蜂被风刮落水中，或处女王交尾时落水溺死。此外还要注意蜂场周围不能有被污染或有毒的水源。

3. 交通

蜂场的交通条件与养蜂场生产和养蜂人生活都有密切关系。蜂场应选择在交通比较方便的地方，以利于购置蜂种、蜂药和蜂具、出售蜂产品、交流信息，同时方便蜂箱装卸、及时转地放蜂。

4. 小气候

放蜂场地周围的小气候会直接影响蜜蜂的飞行强度、日出勤时间的长短以及蜜粉源植物的泌蜜量，小气候主要受植被特点、土壤性质、地形地势和湖泊河流等因素的影响。养蜂场地宜选择地势高燥、光照适度、冬春季节可防寒风侵袭、夏秋季节可防烈日暴晒的场所。

5. 周边环境

养蜂场不能选择在距铁路、工矿（化工、农药厂、制糖、采矿厂）、学校和牧场较近的地方，因为蜜蜂性喜安静，如有烟雾、声响、震动等侵袭会使蜂群不得安居，并容易发生人畜被蜇事故。

6. 蜂群密度

蜂群密度过大对养蜂生产不利，不仅减少蜂产品的产量，还易在邻场间发生偏集并引起病害传播，在蜜粉源枯竭期或流蜜期末，邻场间易发生盗蜂。在蜜粉源丰富的情况下，半径500米范围内的蜂群数量不宜超过100群。

养蜂场址的选择还应避免相邻蜂场的蜜蜂采集飞行的路线重叠。如果蜂场位于邻场蜜蜂的采集飞行路线上，在流蜜后期或流蜜期结束后易被盗；如果在蜂场和蜜源之间有其他蜂场，也就是本场蜜蜂采集飞行路线途径邻场，在流蜜期易发生采集蜂偏集邻场的情况。

7. 保证安全

场址应能够保证养蜂人和蜜蜂的安全。建立蜂场之前，应该先摸清危害人和蜂的敌害情况，最好能避开有大型野兽、黄喉貂、胡蜂等这些敌害的地方建场，或者采取必要的防护措施。此外，可能发生山洪、泥石流、塌方等危险地点不能建场。

二、蜂箱排列

蜂箱排列要根据场址、蜂种、养蜂季节和饲养方式灵活应变，并遵循以下几点原则。

①便于管理。

②蜜蜂容易识别蜂巢位置。

③流蜜期便于形成强群。

④在外界蜜源较少或无蜜源期不易引发盗蜂。

蜂箱排列一般有散放、一条龙、圆形及方形排列等方法（图2-23）。如场地宽敞，蜂箱可采用单箱排列或双箱并列法，要求前排与后排的蜂箱错开，各排之间相距1～2米，蜂箱之间相距1米左右，以便蜜蜂认巢和人员管理。如场地较小或受场地条件限制，可采用一条龙排列法：排成1～2行，各箱之间可连在一起，这种方法只适于平箱群在繁殖期或停产期使用。如果是转地放蜂途中，在车站、码头、路边临时放置蜂群，可以采用方形排列法，此法可减少蜜蜂飞失。如场地有限，还可4个蜂箱背靠排列，这样管理方便，冬季可以共同包装越冬。

图2-23　不同的蜂箱排列模式

饲养处女王的交尾群，需放在蜂场四周偏僻、安静、有明显标记的地方，巢门方向要错开，以防处女王因迷巢而误入其他蜂群。

排列蜂箱时，巢门的方向一般朝南，也可朝东南或朝东，不宜朝西；越冬前期对于放在树荫下或墙垣北面的强群，除寒冷地区外，巢门宜朝北；放在阴凉的地方，可促使蜂王产卵提前停止，使蜂群降低代谢，减少死亡；小寒节气前后把蜂群搬到向阳、干燥的场址后，巢门须朝南。不论哪种排列方法，都不能将巢门对着路灯、诱虫灯、高音喇叭或高压电线，以避免光、电、声的刺激造成蜜蜂伤亡，也不可面对墙壁或篱笆等建筑物。蜂箱的正上方，夏天最好有植物遮阴，定地蜂场可考虑种植葡萄、瓜豆、蓖麻等。箱底用砖石垫高，箱身保持水平，略向前倾斜1～2厘米，使雨水不致从巢门口流入。

三、蜂群检查

检查蜂群的目的是为了及时了解蜂群的内部状况，以便根据外界气候和蜜源情况，及时、恰当地采取相应的蜂群管理措施。检查蜂群主要有箱外观察和开箱检查2种方式。

1. 箱外观察

通过箱外观察可大概了解蜂群内的情况。

①蜜蜂早出晚归，出入蜂巢频繁，采粉蜂多，证明外界蜜粉源丰富；蜜蜂在巢门口扇风、巢门有水汽、蜂场有蜜味，箱体增重明显，证明巢内进蜜很多；蜜蜂互盗，证明外界蜜源减少；排挤雄蜂，证明外界蜜源停止。

②巢门前出现有拖弃幼虫或增长阶段驱杀雄蜂的现象，若用手托起蜂箱后方感到很轻，说明巢内已经缺乏贮蜜，蜂群处于接近危险的状态；巢前出现腹小、伸吻的死蜂，甚至巢内外大量堆积这种蜂尸，说明蜜蜂已因饥饿而开始死亡。

③外界有蜜粉源时，个别蜂群工蜂飞翔甚少，采集蜂不带花粉，部分工蜂惊慌爬行，则说明该群蜂已经失王。

④在流蜜期间若某群工蜂很少外出采集，并在巢门口成串搭挂，往往是发生自然分蜂的征兆。

⑤当外界气温在28℃以上，巢门口有很多蜂振翅扇风，说明蜂巢温度过高；如发生在大流蜜期间，则是工蜂在排水扇风。

⑥巢外死蜂很多，且有大肚、黑尾病症，可能得了消化不良、孢子虫病或麻痹病。

⑦工蜂翅膀残缺不全，在巢门口爬行，说明螨害可能较为严重。

⑧工蜂在蜂场激怒狂飞，性情凶暴，并追蜇人、畜；头胸部绒毛较多的壮年工蜂在地上翻滚抽搐，尤其是携带花粉的工蜂在巢前挣扎，此现象很可能为农药中毒。

⑨夏秋是胡蜂活动猖獗的季节，蜂箱前突现大量的缺头、断足、尸体不全的死蜂，表明该群曾遭受大胡蜂的袭击。

⑩在较冷的天气，蜂箱巢门前出现头朝箱口，呈冻僵状的死蜂，则说明因气温太低，外勤蜂来不及归巢被冻死在巢外。

2. 开箱检查

开箱检查（图2-24）又分为全面检查和局部检查。全面检查是为了全面了解蜂王产卵、幼虫发育、粉蜜贮存和有无病虫害等巢内状况，检查的时间较长、较细；局部检查即快速检查，目的是通过观察巢内的部分情况来推测蜂群的整体情况，如巢房内有卵就说明3天以内蜂王健在，上梁有新泌白蜡就说明蜂群蜜源充足。

图2-24　穿着养蜂防护服开箱检查朗氏箱饲养的中蜂群

（1）全面检查。

打开蜂箱的大盖及副盖，逐一提出巢脾进行仔细检查，全面了解蜂群内部情况，并对蜂群及时采取相应措施。

①开箱人站在箱侧或箱后（注意，在任何时候都不宜在蜂箱前3米以内处长时间停留，以免影响蜜蜂的正常出入），背对阳光，打开大盖，并置于箱侧或反放地面上；开启副盖时先用起刮刀轻轻撬动，再用手指推移，然后将副盖拿起翻转，反放箱前，副盖的一角搭在巢箱起落板上，便于蜜蜂自行爬进蜂巢。对于凶暴好蜇的蜂群，可用点燃的喷烟器，从揭开箱盖的缝隙或直接从纱盖的上方对准巢框上梁喷烟少许。

②开箱后先用起刮刀轻轻撬动框耳，拉开蜂路后再提脾。提脾时用双手的拇指和食指捏紧两端框耳，将脾垂直地提出，一般不要离开蜂箱上方。双王群提脾则应在一侧上方进行，以免蜂王掉落，造成损失。看蜂时一般应使巢脾下梁靠身，上梁在外，看完一面后，用中指拨动侧梁使脾转身让下梁在外，上梁靠身。

③查蜂时，要随手清理蜂巢，巢脾及蜂箱四周的污物、赘脾等要及时清除，并割掉不需要的雄蜂房和王台。查完蜂后，应尽快盖上副盖、覆布和箱盖。

④检查继箱群时，应将箱盖翻转放于箱后，再将继箱交叉放在箱盖上，把隔王栅搁在巢门口，先检查巢箱，然后将继箱放回巢箱上后进行复查。

（2）局部检查。

局部检查具有省时快速的优点，可减少人为对蜂群的干扰，一般在气温较低或容易出现盗蜂时采用。

①蜂脾关系。副盖上的蜂多就说明蜂多于脾；副盖上的蜂少就说明蜂少于脾，此时边脾外侧一般无蜂。

②贮蜜多少。边脾有蜜或隔板内侧第3个巢脾上角有封盖蜜，说明贮蜜充足；蜜蜂惊慌不安，提脾有蜂坠落，说明贮蜜短缺。

③蜂王在否。从巢脾中央提脾，仔细检查一般能找到蜂王；找不到蜂王时，检查房内是

否有卵，若无卵虫，蜜蜂不断振翅，巢房内有一房多卵现象，则说明蜂王已经丢失。

④蜂子发育。从偏中部位提1～2张脾，幼虫丰满、晶亮，发育良好；干瘪、变色、变形，发育不良。

（3）开箱检查注意事项。

①穿、戴无异味，查蜂过程中一旦被蜇，切勿惊慌。

②流蜜期应避开蜜蜂采集高峰时开箱；天气过冷或过热要少开箱，一般以在14℃以上的晴暖无风天气查蜂为宜。

③盗蜂多的季节，少查或不查，或在早晚进行，且要缩短查蜂时间，避免糖汁、蜜汁滴落地上，如滴落时，应立即水冲土埋。

④检查交尾群，要尽量避开午后处女王外出交尾试飞时间，一般在上午进行。查蜂途中，如遇蜂王惊飞，应暂停检查并远离蜂箱，待蜂王归巢后再查；若蜂王一时不归巢，可从原群中提出一脾蜂抖落在巢门口，通过释放出外激素吸引蜂王归巢。

⑤操作时应做到一短（时间短）、二直（提脾放脾直上直下）、三防（防挡住巢门、防压死蜜蜂、防任意扑打蜜蜂）、四轻稳（提脾放脾，揭盖、覆盖要轻稳）。

四、蜂群饲喂

为了保证蜜蜂的正常生活和繁殖的需要，当外界蜜粉缺乏、巢内贮蜜不足或因气候条件不适宜蜜蜂外出采集时，应对蜂群进行饲喂。蜜蜂饲料主要包括糖饲料和蛋白质饲料，糖饲料主要为蜜蜂的生命活动提供能量，蛋白质饲料可以为蜜蜂的生长发育提供蛋白质、氨基酸、脂类、维生素、矿物质等营养物质。

1. 饲喂蜜糖

根据饲喂目的分为补助饲喂和奖励饲喂2种方式。饲喂的蜂蜜或白糖应优质、无病菌；喂糖的时间最好是在傍晚进行，以免发生盗蜂；对缺蜜的弱小蜂群，不可直接喂蜂蜜，可用加蜜脾或先将强群喂足，再抽蜜脾补给弱群。饲喂过程中，一旦发生盗蜂，应立即停止工作，待停止盗蜂后再换糖水饲喂。

（1）补助饲喂。

补足箱内饲料是使蜂群免受饥饿的饲喂方法。其特点是饲喂量大、次数少。如果蜂场有现成的成熟蜜脾，可将它直接插在蜂巢边脾或边二脾的位置上；如果没有蜜脾，可补饲蜜水或糖水。具体方法是使用4份蜂蜜加1份水或2份白糖兑1份水，用文火加热并搅拌均匀，置冷后进行饲喂。可灌脾饲喂或用饲喂器让工蜂自行取食。

（2）奖励饲喂。

奖励饲喂是在蜂群内有较多贮蜜的基础上，用适当浓度和数量的糖浆饲喂蜂群，以刺激蜂王产卵和工蜂积极哺育的饲喂方法。与补饲不同,它的特点是饲喂量少、次数多。用于奖励饲喂的蜜水或糖水浓度较低,一般是用蜂蜜1份加水1份或白糖1份兑水1.5份混合而成。

2. 饲喂花粉

在繁殖期,常需要人为饲喂一些花粉,以补充自然花粉的不足。一般以天然花粉为宜,也可用优质的人工花粉代替。饲喂方法有2种。

(1)补充花粉脾。

在粉源过剩的季节,将蜂群剩余的粉脾抽出并妥善保存。在缺乏花粉的季节,可将保存的粉脾直接加进蜂巢中并靠近子脾的外侧让蜂取食。

(2)饼喂。

将花粉加适量蜂蜜或糖浆搅拌均匀并充分浸泡后,做成饼状或条状,然后放置于框梁上让蜂取食。

3. 喂水和喂盐

通过人工喂水,可以减轻工蜂负担。喂水的方法有2种。

(1)箱内喂水。

在饲喂器内加入干净的水让蜂取食;夏季还可在副盖上放1条湿毛巾,并经常向上浇水以增加巢内湿度,降低温度。

(2)箱外喂水。

使用巢门饲喂器喂水,或在蜂场中放1个装有水桶的淌槽喂水器,不同群的蜜蜂可自行采水。

喂水的同时,还可以根据需要,在水中添加少许盐,浓度为0.1%～0.3%,有时还可加些维生素或其他可用药物。

五、人工分群

根据外界蜜源条件和蜂群内部情况以及生产需要,有计划地将1群蜜蜂分成2群乃至多群,或多群分出1群的方法称为人工分群。分群是增加蜂群数量、扩大蜂场、解除分蜂热的主要手段。

1. 分群的条件

合理的人工分群应具备以下条件。

①蜂群饲料充足,并有足够的备用饲料。

②蜂群处于增殖时期，幼蜂相对过剩，一般拥有6～8张子脾，且工蜂工作积极。

③分蜂时间应在主要蜜源流蜜前50天且有一些辅助蜜源时进行，这样分群后到主要流蜜期，原群和新分群经过适当补充和增殖后能发展成为较强的生产群。

④人工培育的蜂王已经产卵，有足够的蜂王组织新分群。

2. 分群的方法

（1）均等分群。

将1个群势较强的蜂群按等量的蜜蜂、子脾和粉蜜脾等分为2个蜂群，其中原群保留原有的蜂王，分出群则需诱入1只产卵蜂王。这种分群方法的优点是分开后的2个蜂群都由各龄成蜂和各龄蜂子组成，不影响蜂群的正常活动，且日后新分群的群势增长也比较快；缺点是1个强群平分后群势大幅度下降，有可能影响生产。均等分群时，先将原群向左侧移开，原址右侧放1个新蜂箱，再从原群中提出等量的蜜蜂和子脾放入新群中，当晚或次日早晨再介绍1只蜂王给新分群即可。如发现外勤蜂有偏集现象，只需把蜂少的箱向另1箱靠拢些，飞入的工蜂就会增加，也可以从蜂多的群中抽一些新蜂补给另一群。但需注意，该分群方法不宜给新分出群介入王台，否则可能影响蜂群发展。

（2）混合分群。

从若干个强群中抽出一些带蜂的成熟封盖子脾，同时加入1～2个蜜粉脾，并给以产卵王或成熟王台搭配在一起组成新分群。混合分群可以从根本上解决分群与采蜜的矛盾，从而使原群处于积极的工作状态，分群后的蜂群比不分蜂的原群所培育的蜜蜂数量要多，产蜜量也至少增加1/3以上。但需注意，混合分群容易扩散蜂病，应避免使用患病蜂群。

六、合并蜂群

合并蜂群是指将2群或多群蜜蜂混合于1个箱中。当蜂群失王，而蜂场又没有预备蜂王时，就应将无王蜂群合并；早春、晚秋和盛夏，过小蜂群应及时合并；大流蜜期前，可将几个小群合并为1个强群，以增加生产群的数量；受病害影响，治愈后的过弱小群也应及时合并。

1. 合并蜂群应注意的问题

蜜蜂是以群体为单位生活的社会性昆虫，不同蜂群通常具有不同的气味。蜜蜂凭借灵敏的嗅觉，通过群味的差异可辨别出本群或其他蜂群的个体，这是蜂群在进化过程中对种内竞争的适应。蜂群安全合并的主要工作是采取措施混同群味，削弱蜜蜂的警觉性。

蜂群在大流蜜期、群势较弱、失王不久、子脾幼蜂比较多的蜂群比较容易进行合并。合并蜂群应把弱群并入强群、无王群并入有王群，如果2个蜂群均有王，应在合并前将较差的蜂王捉掉，并将王台破坏后再进行合并。合并的2个蜂群最好是相邻的，以防蜜蜂偏巢。如果合并的蜂群较远，应事先将蜂群逐渐移近后再合并为宜。对于失王已久，巢内老蜂多、子脾少的蜂群，要先补给1～2框未封盖子脾，然后再合并。蜂群合并时往往会发生围王现象，为了保证蜂王安全，在合并时可将蜂王扣在巢脾上，待合并成功后再将其放出。

2. 合并蜂群的方法

（1）直接合并。

这种方法一般用在早春繁殖和大流蜜期，该段时间蜜蜂对“群味”的敏感性较差，合并蜂群一般不会发生斗杀。首先把有王群蜜蜂靠往蜂箱一边，再把无王群的巢脾靠往另一边，2个蜂群中间保持至少1张巢脾的距离，或在蜂群之间放隔板，然后盖好箱盖。经过1～2夜，待群味互通后便可去掉小隔板，完成蜂群合并。

（2）间接合并。

用于非流蜜期，以及失王已久、老蜂多而子脾少的蜂群。先将有王群放入1个巢箱，另1个无王群放入继箱，2个巢箱之间放1张铁纱或钻有很多小孔的报纸，待1～2个晚上后，气味充分混合且蜜蜂咬破报纸后，合并即为成功。亦可在原群蜂巢边脾或下部，滴加一些白酒或蜂蜜，再将另1群无王蜂群靠拢，盖好箱盖，缩小巢门，一般合并即可成功。此外，还可以向蜂群内喷浓烟，使箱内秩序混乱，待蜜蜂饱吸蜂蜜，随即将无王群并入有王群，盖好箱盖，再往巢门内喷几下浓烟，缩小巢门，合并操作即可结束。

七、多王群组建

在养蜂生产上，适时地培养强群是提高蜂产品产量和质量的关键。虽然蜂王在产卵高峰期日产卵量可超过1500粒，但是在特定条件下（如对于产卵力较低的蜂种或要求短期内快速繁殖群势），蜂王产卵量难免会成为蜂群群势发展的瓶颈。实践证明，多王群的产卵力显著高于单王群，产卵速度快且区域集中。

1. 多王群的组建方法

（1）蜂王的生物诱导。

取12月龄左右的蜂王，剪去两侧部分（1/3～1/2）上颚后贴上标签，放回原群饲养1周左右。

（2）组建幼蜂群。

在外界蜜粉源充足的季节选择3～4张临出房封盖子脾，轻抖几下，抖去年老工蜂，将子脾带蜂放入准备好的空蜂箱内。若子脾上缺少蜂蜜和花粉，另外放入1张蜜粉脾。将蜂箱摆放于蜂场偏僻处防止盗蜂，敞开巢门，让采集蜂飞回原巢。若已出房幼蜂较少，为防止子脾冻伤，将子脾上的蜂基本抖净后，关上巢门，将蜂箱放于有较高温度的室内，或者放在恒温恒湿培养箱中孵育，取1～2日龄新出房的幼蜂组建幼蜂群。

（3）蜂王的诱入。

幼蜂群组建完成1～2天后，取多只经生物诱导的蜂王介绍入幼蜂群中。各蜂王可从蜂群的不同位置放入。

2. 多王群的应用价值

多王群繁殖快，群内个体具有较高的遗传多样性，利于提高群体的抗病力、分工协作的效率和生产力（图2-25）。虽然多王群不适合作为生产群大量饲养，但结合蜂场的生产目的和各个阶段的生产需要，将多王群作为副群为单王群提供卵脾或作为生产蜂王浆的虫源群具有较高的应用价值。

图2-25　多王群中同脾共存的7只蜂王

八、筑造巢脾

巢脾是蜜蜂栖息、繁殖、贮存饲料和其他活动的场所，巢脾用久了房孔会变小，影响到蜂子的发育和蜂蜜的产量，还易造成疾病流行。因此，蜂场每年都应修造一部分新脾，并将老脾更换掉。

蜂群造脾的基本条件包括以下几个方面。

①天气晴暖，气温比较稳定。

②外界有较丰富的蜜粉源，工蜂采集积极，有较多的粉蜜带回蜂巢。

③蜂群处于繁殖期，蜂多于脾，或蜂脾相称，蜜蜂工作积极，巢内泌蜡蜂多，幼虫脾多。

④蜂王年轻，产卵力强。

1. 造脾的基本程序

造脾的主要工作是制作巢础框，分为钉框、钻孔、穿线、装础、埋线和滴蜡等6道工序。在炎热季节，加础的时间以在傍晚气温下降时为宜，以防正午因温度过高而使巢础变形。巢础框在流蜜期前或后，应加到蜜粉脾和封盖子脾之间；在流蜜期中，应插在蜜粉脾和卵虫脾之间。如果是继箱群，则应加在继箱边脾内侧。

2. 巢脾的保存

新脾造好后，应及时让蜂群培育几代蜂，以增强巢脾的牢度。巢脾不用时应从蜂群中抽出妥善保管，严防受潮发霉或遭受老鼠及巢虫危害，同时需防止盗蜂的发生。为避免巢虫滋生，在存放前用硫黄彻底熏脾，即将预放巢箱内的硫黄点燃，把留出蜂路放满巢脾的继箱叠加在巢箱上，连加2～3个，密闭熏蒸20分钟即可。每隔10～15天熏1次，连熏3次。病群的巢脾建议化成蜂蜡，否则要用4%福尔马林溶液浸泡24小时进行严格消毒处理后再贮存。保存的巢脾要按全蜜脾、半蜜脾、花粉脾及空、旧、新脾分类存放于干燥、清洁、密闭的地方。

九、防止盗蜂

盗蜂是指进入到其他蜂群去盗窃贮存蜂蜜的外勤工蜂。蜂场一旦发生盗蜂，被盗群的贮蜜将会被全部盗空，工蜂大量伤亡，有时蜂王也会被围死，给蜂群管理及生产造成很大影响。严重者甚至发生全场互盗，后果不堪设想。因此，一旦发现盗蜂，应立即采取措施加以制止。

1. 盗蜂的起因

盗蜂发生的根本原因是蜜源不足。因而，在早春和晚秋外界无蜜源时、缺蜜期、久雨初晴、巢内缺乏饲料、群势与贮蜜量成反比时容易起盗。此外，检查蜂群时间过长或把带蜜的巢脾和蜂具放在箱外，喂蜂时将蜜汁滴在箱外，蜂群内脾多蜂少，巢门过大，箱壁破裂，蜜脾、蜜蜡及摇蜜机保存不好等，均易诱发盗蜂。被盗群往往是无王群、弱群、病群或因治螨暂时削弱了守卫能力的蜂群，有时是1群盗1群，有时几群盗1群或1群盗几群，严重时整个蜂场互盗甚至几个蜂场互盗。

2. 盗蜂的识别

发生盗蜂时常有一方是作盗群，另一方为被盗群。盗蜂往往身体油光发黑（日龄较大），飞行速度快，出勤早而收工晚，回自己蜂巢时腹部大而出巢时腹部小，进入其他群时腹部小而出巢时腹部大，举动慌张。被盗群门口往往有相互撕咬、斗杀和死亡的工蜂，蜂巢内秩序混乱，常有一些油光发黑的老蜂在巢房内吸蜜。

3. 盗蜂的预防

①常年饲养强群，经常保持饲料充足，对过小的弱群和无王群要及时合并，各蜂群之间蜂量尽可能相同。

②在非流蜜期，要抽出巢内多余空脾，保持蜂脾相称或蜂略多于脾，要适当缩小巢门，关严气窗，白天少检查、不喂蜜，傍晚喂蜜时不要将蜜汁洒于箱外，场地上的蜂蜡及粘有蜜汁的蜂具等要及时消洗放好。

③有盗蜂时，不使用容易诱发盗蜂的药物治螨。

④如有不同蜂种（如中蜂和意蜂）应分开饲养，尽量不到蜂群过分拥挤的场地去放蜂。

4. 盗蜂的制止

（1）巢门止盗。

一旦盗蜂发生，应立即缩小巢门，使之只能容1～2只工蜂进出，以便于蜜蜂守卫，还可利用树叶或杂草等将被盗群巢门挡住，或者在巢门口安装防盗器，抑或在巢门踏板上洒一些煤油、苯酚等有刺激性气味的物品驱赶盗蜂。

（2）移箱止盗。

盗蜂严重时，可将被盗群移到别处，原位放1个空箱，内放2张空脾，使盗蜂无蜜可盗，也可将作盗群与被盗群互换位置，让蜂迷惑。如依然无效，则应将全场搬到别处。

（3）禁闭止盗。

如果是几群盗1群，可将被盗群移到4千米外处或搬入暗室，原址放个空箱，内放2张空脾，巢门安装脱蜂器，使盗蜂能进不能出，傍晚时将盗蜂连箱搬入“暗室禁闭”，同时将被盗群搬回原址。盗蜂的盗性在2天后会自然消失，然后将箱打开，让蜂各自归巢。

第四节　蜂群的阶段管理

气候变化直接影响蜜蜂的发育和蜂群的生活，同时通过对蜜粉源植物开花的影响而间接作用于蜂群的活动和群势的消长。随着一年四季气候周期性的变化，蜜粉源植物的花期和蜂群的内部状况也呈周期性变化。蜂群的阶段管理就是根据不同季节、不同阶段的外界气候、蜜源条件和蜂群自身的特点，以及蜂场经营的目的、掌握的技术手段、饲养的蜂种特性、病敌害的消长规律等，明确蜂群饲养管理的目标和任务，采取适当的管理措施促进蜂群发展，制订并实施某一阶段的蜂群管理方案。

一、春季管理

在蜂群春季恢复发展时期，管理工作的主要任务是加速蜂群复壮，提早进入强盛时期。这个时期的主要管理工作是调整群势、密集保温、奖励饲喂等。

1. 检查蜂群

早春气温上升到5℃以上，阳光照到巢门时，蜜蜂就会开始排泄飞行。这时应注意观察蜜蜂飞行的情况，记录没有或者很少蜜蜂飞出的蜂群，对它们进行快速检查。快速检查主要查明：蜜蜂的群势，分强、中、弱3档记录；饲料贮备，分多、够、缺3种情况；蜂王有无；巢内是否有潮湿、下痢等迹象。处理一些简单的问题，如空脾多的应当即提出，缺蜜的群补给蜜脾。春季气候多变，要抓住晴暖无风的天气进行全面检查。检查时，准备1箱蜜脾和几个空蜂箱或空继箱，以便把抽出的巢脾装入箱内，并盖严箱盖，给缺蜜群补加蜜脾。

2. 防治蜂螨

大蜂螨可寄生在蜂体上越冬。春季蜂群有幼虫时，它们就潜入大幼虫房内开始产卵繁殖，进一步危害蜜蜂。蜂王产卵以后，到第9天就会有封盖子，所以必须在幼虫封盖前及时治螨。用杀螨剂连续防治2～3次，隔2天施用1次。

3. 调整群势

蜂群越冬以后，往往形成强弱不均的情况。如需要调整，在下午蜜蜂停止飞行时，从蜂多的群内带蜂提出巢脾，放入弱群的隔板外（需注意不要将蜂王提出）；次日在蜜蜂活动前把这张脾移入隔板内。

4. 缩小蜂巢

蜂王产卵、蜜蜂育虫以后，蜜蜂就将育虫区的温度保持在32～35℃，蜂巢内外的温差加大，巢温容易丧失。浙江省春季多寒潮和连阴雨，通常给5框蜂的蜂群留2张脾，3框蜂的蜂群只留1张脾，使蜜蜂高度密集。压缩成1张巢脾的蜂群大约需经过7天，2张脾的蜂群大约需经过10天，当2张脾上都产下七成卵以后，再陆续加蜜粉脾扩大蜂巢。

5. 箱内外保温

箱外保温的措施可采用将蜂箱放在20～30厘米厚的干草上，箱内根据情况添加保温物。箱顶副盖上可盖小草帘，外盖箱盖。蜂箱后壁和两侧壁用草帘包裹。浙江省多阴雨，可用暗色塑料薄膜盖在箱上。箱后的薄膜端用蜂箱压住，前端搭在箱前与巢门相距几厘米并保持蜂箱空气流通。

6. 奖励饲喂

调整蜂群的当天傍晚即可用稀糖浆对蜂群进行奖励饲喂。在调整蜂群时，使蜂群有贮蜜2～3千克，不足时补加蜜脾。在巢内有一定贮蜜的条件下，奖励饲喂才能刺激蜂王产卵。

7. 喂水

早春气温低，寒潮期间蜜蜂无法出巢采集，需在巢门或巢内喂水。

8. 喂花粉

在当地最早的粉源植物开花前20～30天开始饲喂花粉，可促使蜂群大量育虫，使蜂群迅速发展壮大。每群每次喂花粉饼300～500克，每隔5～7天喂1次，连续喂到有天然花粉为止。

9. 扩大蜂巢

在缩小蜂巢后约半个月群内已经有2～3框子脾，子脾面积达到八成时，就可以加1张适于蜂王产卵的巢脾。初期加脾，加在蜂巢外侧。待天气转暖，蜂数增多时，把巢脾加在蜂巢内的第2和第3位。以后每隔5～6天加1张空脾，再后每隔3～4天加1张脾。加到10个脾时，停顿一段时间，待蜂群发展到10框蜂8框子时，加继箱或者提出封盖子脾组织人工分蜂群。

10. 撤除包装

箱内的保温物随着蜂巢的扩大逐步撤除。箱外的保温物，待蜂群发展至满箱，气温稳定时撤除。保温物应先撤箱内，后撤周围，最后撤除箱底。

11. 低温阴雨期的管理

2月至3月上旬，浙江时常有10余日的连绵阴雨天气，最高气温常在10～13℃，此时正处在蜂群恢复时期，老蜂死亡多，新蜂出生少，而且蜜蜂出巢排泄困难，哺育能力下降，如果巢内缺蜜、缺粉、缺水，幼虫常会遭抛弃，造成损失。因此，这个时期要关注天气预报，在连绵阴雨前给蜂群补加蜜粉脾，加在蜂巢外侧或者隔板外，或者及时饲喂花粉糖饼。坚持每天喂水，使蜜蜂养成在巢门饮水的习惯。

二、强盛时期的管理

越过冬的蜂群大约经过50日，发展到10框蜂8框子，不久就可以加继箱进入蜂群的强盛时期。此阶段的主要任务是克服低温、高温和断蜜期等各种不利因素，可采取主副群或双王群，及时更换老劣蜂王，消除分蜂热等方法维持强群，同时争取在流蜜期使得蜜、浆、粉、蜡等各种产品达到优质高产，在非流蜜期继续开展蜂王浆等产品的生产，以提高经济效益。

三、炎热季节的管理

夏季，浙江省有较长时期白天气温超过37℃，昼夜温差小，而且蜜源缺乏，有的地区蜜源缺乏时间长达2～3个月，蜂王停止产卵，蜜蜂停止育虫，加上这时胡蜂、蜻蜓、蟾蜍、鸟类等蜜蜂天敌较多，如管理不周，蜂群就会极度削弱，以致秋季恢复困难。炎热季节的蜂群管理可从以下几点入手。

1. 调整群势

抽出空脾，撤掉继箱，并以强补弱，使蜂场内蜂群的子脾大体相当。

2. 留足饲料

在有蜜源的地区，要保持有2张蜜脾和1张花粉脾。在无蜜源的地区，除每群巢内留2～3张蜜脾和1张花粉脾外，还应为每群预先贮备2～3张封盖蜜脾，1～2框花粉脾，以便随时给饲料不足的蜂群补充。

3. 架设凉棚

炎热季节，把蜂群放在高大树荫下。空旷场所要架设2～3米高、3米宽的凉棚（如葡萄架、瓜架等），下面可放置蜂群2排。

4. 巢上喂水

在蜂箱上使用铁纱副盖，其上盖1层布。晴热天气，每天11时和14时用清水将盖布喷湿。铁纱副盖上湿布水分可供蜜蜂吸取，蒸发后可降低蜂箱温度。

5. 设置箱架

设置高度在50～100厘米的高箱架，将蜂箱置于箱架上，既可以减少敌害和雨水侵入巢内的概率，又可避免热汽上蒸。若有蚂蚁为害，可在箱架四周铺细沙，架子腿涂上灭蚁剂。

6. 防除敌害

积极捕杀、诱杀胡蜂。胡蜂对意蜂的危害尤其严重，可采用木板、羽毛球拍等物品拍打蜂场附近飞行的胡蜂，或采用糖水诱杀法诱捕胡蜂。多蟾蜍的地方，可于每晚在巢门前放置铁纱罩，预防蟾蜍在夜间捕食蜜蜂。

四、秋季管理

蜜蜂为了在严寒的冬季求得生存，在最高气温低于14℃以下时，就会逐渐减少巢外活动，在气温低于5℃以下时，基本停止巢外活动。蜂群安全越冬、保持蜂群的实力，是养蜂生产的保证，也是提高来年蜂产品产量的决定因素。秋季蜂群管理的主要任务是培育适龄越冬蜂，备足越冬饲料并做好蜂群越冬前的准备工作。

1. 防治蜂螨

夏季主要蜜源结束后，就要防治蜂螨，以便培养健康的越冬蜂；晚秋蜂王停止产卵后，应立刻彻底治螨；也可将蜂王装入竹制囚王笼，迫使蜂王停产，在群内没有封盖子的时候彻底治螨。

2. 贮备越冬饲料

在最后一个流蜜季节，每群蜂必须留足4～5框蜜脾作为越冬饲料。对贮蜜缺乏的蜂群，应及时调整并进行补助饲喂。

3. 培育大量的适龄越冬蜂

越冬蜂是在秋季出生后很少或者没有哺育过幼虫的蜜蜂，它们的各种腺体和脂肪体保持发育状态，到来年仍能够哺育一批幼虫。秋季参加过采集和大量哺育工作的蜜蜂通常在越冬前或越冬期间死亡。在蜂王停止产卵前的一个月，要抓紧培育越冬蜂。

4. 预防盗蜂

向日葵、荞麦流蜜期，流蜜期结束以及无蜜源时都容易发生盗蜂，此时要缩小巢门，注意预防。

五、冬季管理

在寒冷的冬季，蜂群会在蜂王周围的巢脾上形成1个球体（越冬蜂团）。在越冬期间，对于蜂群的任何干扰，如震动蜂箱、鼠害、光线刺激等，都会使蜜蜂骚动不安，导致越冬蜂团散开，饲料消耗增加，使蜜蜂加速衰老，危及蜂群安全越冬。蜂群越冬期间要求环境安静，不受震动，不受寒风吹袭，室内要求保持黑暗以及相对稳定的温度。根据不同的越冬方式，施以相应的管理。

1. 室外越冬管理

蜂群的室外越冬在管理上比较简单，也比较经济，方法各式各样，应因地制宜。越冬场地要求背风、安静、干燥、向阳；远离铁路、采石场、榨糖场等地方；避免强烈震动、盗蜂以及畜禽的干扰。

浙江一带可采用草帘包装的方法越冬。地面开始上冻时，进行越冬包装。地面铺10～20厘米干草，蜂箱放在干草上，把蜂群按3～10群分成1组，每组各1排，各排的蜂箱互相靠在一起，箱间空隙塞上干草。箱后、箱上和侧壁用草帘包裹。为防雨雪，还可以在草帘外盖1层塑料薄膜。组内蜂群不宜过多，以防蜜蜂偏集。蜂群的外包装，应随气温的下降逐步进行，先把蜂群分组集中，过几天再于箱间塞草，最后用草帘包好。

2. 室内越冬管理

南方的许多蜂场近年来也采用室内越冬管理。室内越冬有许多优点：可避免茶花后期蜜蜂和幼虫中毒；避免盗蜂损失；避免在晴天蜜蜂无事乱飞，增加饲料消耗；减少看管蜂群的劳动时间和精力；温度比较稳定，可节约饲料，保存蜜蜂精力。

（1）越冬室的条件。

越冬室的总体要求是干燥、保温良好，能保持黑暗、便于通风。现代化的越冬室，应安装上自动控制的通风机、电加热器、去湿机等，保持室内适宜的温度、湿度和空气新鲜；用民房代替的，要有前后窗，便于夜晚通风；水泥地面要打扫干净，铺上沙子或者禾草。

（2）入室方法。

11月下旬至12月上旬巢内没有子脾时进行蜂群入室。入室前要绘制好蜂群在蜂场摆放位置图，以便放蜂时仍按原位置摆放蜂群。天黑后，把巢门关闭，取出副盖上的小草帘，将蜂群搬入室内。待蜜蜂安静后，打开巢门。由于此时气温较低，入室后不需放蜂，按常规管理即可。

第五节　蜂群转地饲养

蜂群转地饲养又称为转地放蜂，即利用蜜蜂的可运移性，将蜜蜂用汽车、火车、船、飞机等交通工具运送到蜜源植物开花泌蜜的地方，以进行饲养、生产以及为农作物授粉等工作。蜂群转地是定地饲养的前提。通过转地饲养，可使蜂群的越冬、度夏阶段缩短，甚至消除；可使相距甚远的蜜源变成花期连续的大蜜源，为取得蜜、浆、粉、蜡、蜂全面丰收，创造更为有利的条件。

转地饲养习惯上分为短途的小转地和长途的大转地。长途转地能充分利用我国丰富的蜜粉源资源，养蜂商品率高，自耗低，可获得较高的蜂产品收入。但是，长途运输蜜蜂的费用和其他开支很大，遇到的困难多，风险大，养蜂生产的劳动强度也高。短途转地各种费用开支相对较少，养蜂生产的劳动强度也比较轻，只是收获的蜂产品数量往往比长途转地少。转地饲养和定地饲养比较，具有特殊性和复杂性，蜂农需熟悉各地的蜜源花期和转地饲养的普遍规律，同时做好各项准备工作。

一、确定放蜂路线

放蜂路线是蜂群根据繁殖、生产或授粉需要进行转地饲养，一周年中所经过的各放蜂场地按时间先后衔接的放蜂线路。我国各个季节的主要蜜粉源植物遍布各地，从南到北的花期有一定的连续性，这决定了多数养蜂者必须跨越地理纬度实行长途转地放养，以充分利用外地蜜粉源达到追花取蜜粉、提高经济效益的目的。

浙江茶叶种植面积大，大转地蜂场一般在9月初回到浙江，先采集山花并休整蜂群，并在10～11月生产茶花粉。茶花期结束后（11月底），蜂场搬运回乡，并在蜂场原址附近选择合适场地越冬和春繁，春节后（2月中下旬）开启新一年的转地路线。小转地蜂场则根据当地和附近的蜜粉源情况，选择1～2个花期进行转地，如在油菜花期过后，4～5月转至柑橘场地，9月底转至茶花场地。

长途放蜂路线均由南向北，主要有以下4条。

1. 东线

该转地放蜂路线为：浙江→江苏→山东→辽宁→吉林、黑龙江→内蒙古。具体安排是：2月底或3月初北上第1站到江苏采油菜；5月初转地至山东采刺槐，再由胶东半岛运到辽东半岛，采刺槐；于6月直发吉林长白山区或黑龙江椴树场地；椴树花结束后在7月中、下旬，部分蜂场就近采胡枝子，另一部分蜂场则向南折回吉林、辽宁或内蒙古采向日葵、荞麦。9月初回到浙江。

2. 中线

该转地放蜂路线为：浙江→江苏→陕西、河南→河北、北京、辽宁→内蒙古。具体安排是：2月底或3月初江苏采油菜；4月下旬至5月转河南和陕西采刺槐，并于5月下旬就近采枣花；6月中、下旬转至河北、北京和辽宁采荆条；7月底8月初北上内蒙古采向日葵、荞麦。9月初回到浙江。

3. 西线

该转地放蜂路线为：云南→四川→陕西→青海（或宁夏、内蒙古）→新疆。具体的安排是：11月底或12月初到云南，利用早油菜花期繁蜂；翌年1月底或2月初转至四川成都平原采油菜；3月下旬进陕西南部采油菜，或于4月上旬转关中平原采刺槐；6月初，向青海转地采油菜或转回宁夏、甘肃采山花，或从陕西转回宁夏、内蒙古采老瓜头；也有少数蜂场从陕西或青海远征新疆采棉花。不回浙江越冬并在云南繁蜂的蜂场可选择该线路。

4. 南线

该转地放蜂路线为：福建→安徽、江西→湖南→湖北→河南。在本地越冬后于2月下旬转到江西或安徽两省的南部采油菜；4月初到湖南北部、江西中部采紫云英；5月进湖北采荆条，或从湖南、江西转入河南采刺槐、枣花、芝麻；7月底转回湖北江汉平原。

二、转地前的准备工作

1. 调整蜂群

转地前必须将蜂场内的蜂群调整平衡，以强群补充弱群，强群内的封盖子可适当调入弱群。平衡群势不仅可以补充弱蜂，还能防止强群在转地途中发热闷死。将无王群合并或诱入产卵王；无蜂子的蜂群，应从其他群抽取几张子脾加入本群，以提高蜜蜂的恋巢性。

2. 留足饲料

蜂群在转地途中，需消耗许多饲料，预估某群饲料不够时，应在转地3天前补充。另外，可以将空脾灌满水，放入边脾位置，这样既供应了蜂群所需要的水分，又可以起到降温作用。

3. 固定巢脾和巢箱

为了使在转地途中巢脾不左右摆动，不压死蜜蜂和损坏巢脾，必须固定巢脾。可以用框卡或从箱壁外侧楔入钉子固定巢脾，应在转地前1～2天内进行固定。有继箱的蜂箱，可以在巢脾固定后，在每2个箱体之间，左右两面按“八”字形钉上2片竹片，或采用巢箱继箱连接器。

4. 打开纱窗和关巢门

在关巢门前，应打开箱体所有的通风纱窗。傍晚时，待绝大部分蜜蜂归巢后，关上巢门。有时天气炎热，傍晚仍有许多蜜蜂在巢门口“乘凉”，可以用喷烟器驱赶蜜蜂进箱，再关闭巢门。

三、运输途中蜂群管理

1. 关巢门运蜂

在炎热的季节，关巢门运蜂容易发生蜂群伤热和闷死，必须加强管理。

①适时喂水。在蜂安静时，往气窗内喷水喂蜂，一天数次，每次量不能太多。切忌在蜜蜂骚动剧烈时往气窗内喷洒清水，以免加速蜂群死亡。

②加强通风。运输时要打开箱底、箱壁和大盖上的通气窗，避免其他物品堵塞通风口。

③注意避光。运输时需防止太阳光直射气窗，否则阳光直射会刺激蜜蜂出巢。汽车运蜂要求快运少停，夜运最安全，白天运蜂停车时应停在树荫底下。若发现强群蜜蜂堵塞气窗，上颚死咬铁纱，发出吱吱声和特异气味，说明处在闷死前夕，此时要快速打开巢门或捣破气窗，放走骚动蜜蜂，以免全群覆灭。

④途中放蜂。汽车运输，当天不能到达的，如果气温高，蜂群强，要于下午1时后，把蜂群从车上搬到场地上，开出巢门放蜂，当晚或翌晨重新装上再运。

2. 开巢门运蜂

开巢门运蜂是一种牺牲局部而保存整体的管理方法。

①开巢门运蜂的好处。能防止蜂群伤热和闷死，蜂王能继续产卵，青壮年蜂不易衰老，耗蜜量减少，又便于中途管理，增大公路运输的距离，灵活地追花夺蜜。

②开巢门运蜂的条件。开巢门运蜂必须具备蜂群强，子脾多和蜜粉足等基本条件，巢内蜜粉不足、子脾少或无王的蜂群不宜开巢门运蜂。

③开巢门运蜂的方法。汽车开巢门运蜂的主要方法：开小巢门，即打开巢门板的蜜蜂通道，较适于中等群势、中短途运蜂；开大巢门，即打开整块巢门板，较适于强群、长途运蜂。为了避免装车时蜜蜂飞出箱外而带来的麻烦，开小巢门的可在装车前用单层卫生纸贴封巢门，让蜜蜂自己咬开贴纸。

④途中管理。汽车运蜂时，驾驶员需充分休息以保障行车安全，若白天开车建议途中不停车。如果运蜂中途停开，需连续喷水，使毛巾保持湿润，抑制蜜蜂外飞。正午高温时段新蜂集团“闹巢”时，应把水雾喷入巢内进行抑制。

四、到达转地场后蜂群整理

蜜蜂到达场地后，汽车停在场地当中，需立即解绳卸蜂，排摆蜂群。开巢门前，先往气窗内、巢门口喷些水。在高温季节，蜂卸下后需首先巡视强群，发现有闷死征兆的蜂群应立即抢救，就地打开巢门。蜜蜂在汽车行驶振动时较安静，通过卸车剧烈震动、光线等刺激，卸下不动的蜜蜂反而容易骚动，情况严重时几分钟内就会死亡。因此，要待蜂群安定后进行全面检查，发现问题及时处理。

第三章　蜂产品优质高效生产技术

蜂产品是指来自蜂群的所有可以为人类所利用的产品，主要有蜂蜜、蜂王浆、蜂花粉、蜂胶、蜂毒、蜂蛹等。蜂场环境、蜜源植物、生产技术与管理水平直接影响蜂产品的产量和质量，因此需要根据外界环境条件和蜜蜂生物学特性，科学地进行蜂群管理并采取特殊的生产技术。

第一节　蜂蜜生产技术

蜂蜜是蜜蜂采集植物的花蜜、分泌物或蜜露，与自身分泌物结合后，经充分酿造而成的天然甜物质。蜂蜜是蜜蜂最主要的产品，是我国蜂农养蜂生产的主要收入来源。

一、流蜜期前的准备

1. 培养强群

强群是获得蜂蜜优质高产的基础，优质蜂种是培养强群的关键。提高蜂子比值，饲养双王群、多王群和多箱体养蜂是培养强群、提高蜂蜜产量的重要措施。

（1）更换蜂王。

除良种蜂王外，生产上一般每年要更换蜂王。生产上常在早春育王时更换老劣蜂王，但早春育王受蜂群群势、气候和蜜源等条件的制约，应用强群育王，否则会影响蜂王质量，而且组织交尾群，还会削弱原群群势，不利于第1个流蜜期的生产。生产上也常于前一年的秋季最后一个花期即将结束时用秋王更换春王，当蜂王产少数卵后即断子越冬，或将蜂王关在王棚笼里，放在强群蜂巢的中央越冬，以供早春更换蜂王之用。

（2）饲养双王群。

饲养双王群可以加速培养强群，还有利于保持强群。标准箱饲养双王群的方法，是在巢箱中央加1块闸板或框式隔王板使巢箱分成2个区，每区各开1个巢门，2个巢门相邻，每区有1只蜂王和两部分工蜂（蜂王必须同龄）。早春加脾以前，如果发现蜜蜂有偏集现象，应先调整两边群势，即把蜂多的区巢门缩小，将蜂少的区巢门扩大，然后加脾。如果子多、蜂少，可抽出幼虫脾（脱蜂）补给强群。双王群发展到6框以上即可加继箱，继箱与巢箱间加1块隔王板，抽去巢箱中的闸板，从巢箱提粉脾，封盖子脾和1只蜂王到继箱里，各加1框空脾，巢脾两侧加隔板放保温物。随着群势发展，上下加空脾，并经常把巢箱中的粉脾，封盖子脾调到继箱里，换出虫卵脾和空脾调入巢箱中。蜂群发展到12框以上时，可将继箱中的蜂王提回巢箱，巢箱中央加框式隔王板，每区放3框封盖子脾和1框空脾。继箱中放2框虫、粉、蜜混合脾和2框空脾，并将多余子脾补给单王群。

2. 培养适龄采集蜂

要根据工蜂发育日龄和担任外出采集活动的日龄，计算适龄采集蜂的培育时间，适合大量采集要出房后17天的工蜂，若以出房后10天作为开始进入适龄采集期计算，再加上发育期，培育适龄采集蜂至少要在流蜜期前31天开始。但是，每天培育出的新蜂数量有限，还要加半个月的积累期，所以，在大流蜜期前一个半月左右就需着手培养新蜂。除饲养优良的新蜂王，防止发生分蜂热，使蜂王和工蜂处于积极的工作状态外，采取分群繁殖，利用强群的幼蜂或新出房的封盖子脾和蜜、粉脾补入新分群；双王或双箱体蜂群，双王多箱体蜂群把继箱中的空脾与巢脾中的虫脾对换等措施，促使蜂王大量产卵，在流蜜期前10～15天，使每群蜂的封盖子脾达到10框以上。

3. 组织采蜜群

流蜜前10～15天组织采蜜群。流蜜期前要把蜂群培养成强群，即单王群有15框蜂（七成蜂，15框脾），有子脾8框以上，卵、虫、封盖蜂子比例为1∶2∶4。双王群要达到16框蜂以上，有子脾10～12框，其中封盖子脾达8框以上，虫、卵脾2框以上。单王群群势不足的，需从其他弱群提出带幼蜂的封盖子脾补入或进行合并。

蜂群较强，蜜蜂较多的子脾和空脾相间排列；蜂群较弱，蜜蜂较稀的子脾集中摆放，放脾数量根据群势决定，以保持蜂脾相称或脾少于蜂为宜。根据蜂群群势，排列在一起的2个蜂群，如果在流蜜初期，达不到强群采蜜的要求，可在蜜蜂采集最活跃的时候，将群势较差的群移走，使采集蜂回来时集中成1个群，加强群势。移走的群放在新位置上，进行繁殖。

二、流蜜期管理

1. 集中力量采蜜

在主要流蜜期，应尽可能使蜂群内的外勤蜂集中力量采集花蜜。为减轻流蜜期蜜蜂哺育负担，需在流蜜期前将蜂王控制起来，限制产卵。做法是：继箱中放8张脾，巢箱中只放6张脾，箱体之间放隔王板，将蜂王限制在巢箱中。必要时，再加框式隔王板将蜂王限制在巢箱一侧只有3～4张脾的范围内，继箱中放大幼虫脾1～2框和蜜、粉脾1～2框，其余全部放蜜脾和空脾。定地饲养的蜂场在主要流蜜期也可用囚王的方法限制蜂王产卵。限王产卵，到流蜜盛期再把蜂王释放，有促使工蜂兴奋工作的作用。

在流蜜开始时，为提高蜜蜂采集积极性，可以用糖浆或该蜜源的蜂蜜水，每日清晨蜜蜂飞出前进行奖励饲喂，以促进蜜蜂提前上花，刺激采集蜂出勤。

2. 适时取蜜

原则上，只取生产区的蜂蜜，不取繁殖区的蜂蜜，特别是有卵虫脾的蜂蜜不取。切忌“见蜜就摇”或“一扫光”。为了争取时间，加快取蜜速度，取出蜜脾后直接换入空脾。流蜜后期，做到少摇或不摇，留足巢内饲料。采蜜时间在上午进行，在蜂群大量进新蜜前停止。

3. 注意通风和遮阴

在大流蜜期，要做好蜂巢的通风工作，采取开大巢门、扩大蜂路、掀开覆布的一角等方式，以利于花蜜中水分的蒸发，减轻蜜蜂酿蜜时的负担。在炎热的中午，要注意给蜂群遮阴，尽量避免阳光照射蜂箱的前壁和巢门。

4. 正确处理采蜜和繁殖的矛盾

流蜜期具有双重任务，既要保证本花期高产，又要为下一个花期培育采集蜂，使后续花期继续高产，必须从提高产量出发，正确处理。在流蜜期要补充蛹脾延续生产群的群势，流蜜期后促王繁殖以恢复群势。在流蜜期，要组织强群取蜜，弱群繁殖；新王群取蜜，老王群繁殖；单王群生产，双王群繁殖。将弱群里正出房的子脾补给生产群以维持强群。适当控制生产群卵虫的数量，以解决生产与繁殖的矛盾。

5. 防止分蜂热

为了在流蜜期中保持强群采蜜，可采用调整群势的方法来防止产生分蜂热。例如单王群群势一般控制在15框蜂（七成蜂），蜂巢按“上七、下八”布置，子脾共8框，卵、虫、封盖子比例保持1∶2∶4。做好适时换王，连续生产蜂王浆，加巢础造脾，适时取蜜，定时查蜂毁台等。若遇采蜜群闹分蜂热，消极怠工时，应当立即去王，全面检查，尽毁封盖王台，并保持所有未封盖王台。对蜂群较多的蜂场，可采用箱位调整法，即将已产生分蜂热的强群中的王台毁掉，然后将此群与场内的弱群（不是处女王群）位置互换，使群势平均，此法不丧失采集蜂。

6. 留足食料

在流蜜后期，蜜粉减少，有时遇到天气变化，流蜜停止，而蜂群已经转入培育适龄蜂阶段，消耗量增多。因此，流蜜后期要保持巢内蜜粉充足，少取蜜或不取蜜。如箱里有成熟的蜜脾或多余蜜、粉脾，可以先提出保存，当蜂群需要时再加进去。加蜜脾需比喂蜂蜜节省一半数量，后期应多留蜜脾，少取蜜。

三、分离蜜的生产

1. 取蜜前的准备

取蜜前先将蜂场及其周围环境打扫干净，特别是取蜜的房屋，需清洁卫生，保障地面潮湿、无尘、无积水，屋内无蚊蝇。取蜜工具如摇蜜机、割蜜刀、滤蜜器、盛蜜的盆、桶等要清洗、消毒并晾干。操作人员取蜜前要洗手消毒。

2. 生产分离蜜的基本操作

（1）提蜜脾。

当继箱中的蜜脾封盖，就可搬下整个继箱，换上装满空脾的继箱。如继箱中有子脾的，就不必搬箱，可提出部分封盖的蜜脾。

（2）脱蜂。

脱蜂就是抖落巢脾上的蜜蜂。蜜蜂数量不多时，先松动巢脾间的距离，提出蜜脾，用两手握住框耳，以手腕之力突然抖2～3次，使蜜蜂猝不及防，跌落箱内，随即用蜂刷拂去脾上余蜂。有条件的大蜂场，可用吹蜂机脱蜂，吹蜂机由汽油机驱动叶轮扇，用所产生的低压气流，把蜜蜂吹走。吹蜂机移动方便，效率高。

（3）切割蜜盖。

割蜜盖工具有蒸汽加热割蜜刀、电热割蜜刀、自动切蜜盖机。常用的是普通割蜜刀。操作时，一般是以左手握住框耳或侧梁，另一框耳和侧梁放在割蜜盖架上，右手拿着热水烫过的割蜜刀紧贴蜜盖从下向上削去。割下的蜜盖或流下的蜜汁用干净的容器盛装起来。割完一面，再割另一面，然后送到分蜜机里分离。剩下的蜜盖放在纱网上过滤，经过一昼夜滤去蜜汁。如果蜜盖上的蜜汁滤不净，可放进强群，让蜜蜂舔食干净后取出，加热化蜡。

（4）分离蜂蜜。

蜜脾割完蜜盖之后，最好把重量大致相同的蜜脾放进分蜜机的框笼里做一次分离。转动摇把时应由慢至快，再由快至慢，逐渐停转，不可用力过猛或突然停转。取完蜜的空脾放回蜂巢。在分蜜机出口处安装双层过滤器，将过滤后的蜂蜜放入大口桶内澄清，1天后，所有的蜡屑和泡沫都浮在上面，把上层的杂质去掉，然后将蜂蜜装入包装桶内。注意盛装不要过满，以防转运时震动受热外溢。

（5）包装。

应采用无毒塑料桶、专用蜂蜜包装钢桶或用陶瓷缸、坛，应保持密封。不应使用镀锌桶、油桶、化工桶和涂料脱落的铁桶。包装容器使用前清洗、消毒、晾干。包装场地清洁卫生，并远离污染源。

（6）标志。

盛蜜容器上应贴上标签，标志内容包括蜂场名称、场主姓名、蜂蜜品种、毛重、皮重、采蜜日期和地点。

（7）贮存。

在阴凉、干燥、通风处和清洁卫生、无毒、无异味的地方贮存；不得与有异味、有毒、有害、有腐蚀性和可能产生污染的物品同处贮存。

（8）运输。

运输前检查蜂蜜包装容器有无渗漏，标签是否完整清楚。运输工具干净无污染，不得与有异味、有毒、放射性和可能发生污染的物品同装混运。运输过程中要遮阴，避免高温、日晒、雨淋。

3. 注意提高蜂蜜质量

生产优质蜂蜜，主要应取成熟蜜，分花取蜜，保持蜂蜜纯度。

（1）取成熟蜜。

蜜蜂从采进花蜜到酿制成熟蜂蜜的过程需5～7天。蜂群强，气候干燥，时间可缩短；反之，蜂群弱，气候潮湿，时间需延长。蜂蜜在巢内成熟的标志是巢脾上的蜜房封盖，封盖面积越大，浓度越高。

（2）分花取蜜。

在各花期按花期、花种取蜜并分别存放。不同花期的蜂蜜，具有本花种的色、香、味和营养价值。养蜂生产往往因喂饲蜂群及前后花期衔接，蜂巢中留有前个花期的陈蜜，因此取蜜时要把第1次取的蜜另外存放，或者在开始有蜜、粉采进且近几天的天气无较大变化的情况下，在蜜蜂出巢前摇出继箱中的陈蜜，以提高花种蜜的质量。

（3）确保蜂蜜卫生安全。

必须严格按照《蜂蜜标准化生产技术规范》《蜜蜂病虫害综合防治规范》《蜜蜂饲养兽药使用准则》等有关规定，规范生产操作和用药，确保蜂蜜的卫生和安全。

四、巢蜜的生产

巢蜜是利用蜜蜂的生物学特性，在规格化的蜂巢中，酿造出来的连巢带蜜的蜂蜜块，包括大块巢蜜、格子巢蜜（图3-1）、切块巢蜜。巢蜜具有蜜成熟、无污染、易携带保存、具巢脾的医疗特性等优点，颇受消费者的喜爱。

图3-1　格子巢蜜

1. 巢蜜的生产条件

生产巢蜜必须具备蜜源充足、基本设备好、强大的蜂群、掌握技术的养蜂人员。

生产巢蜜不仅需要充足的蜜源，而且要求蜂蜜不易结晶，味香色淡，花期长或泌蜜量大的蜜源（如荆条、椴树、苜蓿、荔枝、柑橘、龙眼等）才适宜。有的蜜源植物虽然流蜜涌，但蜜质的可口性差，如乌桕、桉树等一般不用来生产巢蜜。

生产巢蜜的基本设备有巢蜜继箱、巢蜜框、巢蜜格、薄型巢础、切巢础的模盒、巢蜜格框架或托架等。巢蜜继箱是一种浅继箱，高130～140毫米，长和宽与巢箱相同。巢蜜格可做成100毫米×70毫米的方格。每个内围4.25毫米×100毫米的巢蜜框中，可安放6个这样的巢蜜格。

生产巢蜜要选择强群、蜂量密集、健康无病且具有优良新蜂王的蜂群。最好选用采蜜力强、巢房封盖露白、干型的蜂种。流蜜期到来的时候，蜂群群势以15框以上为宜，并有适量的泌蜡蜂和大量采集蜂。

需有熟悉生产巢蜜技术和操作的养蜂人员，才能保质保量地生产好巢蜜。

2. 巢蜜的生产步骤

在主要蜜源植物开花初期，将强群的继箱撤下来，将蜂王和面积大的封盖子脾和大幼虫脾留在巢箱里，其余的巢脾抖落蜜蜂后调给其他蜂群，在巢箱上换上巢蜜继箱。将事先安好巢础的巢蜜格嵌在巢蜜框内，加入巢蜜继箱，用足量的蜜水给蜂群进行补充饲喂，促使蜂群造脾。在有2个蜜源衔接的地区，可利用前一个蜜源造脾，后一个蜜源贮蜜。

如果第1个巢蜜继箱中的巢蜜格已贮蜜到八九成，而外界还在流蜜盛期，就在它的上面加第2个巢蜜继箱，待第2个巢蜜格脾造好时，再移到巢箱之上，即原有继箱的下面。如果主要蜜源流蜜很涌，第1个巢蜜箱内蜜格贮满蜂蜜，并已有部分封盖，第2个巢蜜充满一半以上蜂蜜时，照上述方法添加第3个巢蜜继箱。如果流蜜期结束时巢蜜尚未封盖，就用同一花期取得的分离蜜进行饲喂。饲喂期间，覆布不宜盖严，以便加强通风，排出水分。

蜂群在生产巢蜜的过程中，由于巢内蜂多、脾少、蜜足，容易产生分蜂热。可采用以下措施。

①采用新王群生产。

②天热时注意遮阴。

③加空继箱扩大空间，打开整个巢门，加强空气流通。

④经常检查，毁除王台。

⑤生产蜂王浆，并适当地用巢蜜生产群的蛹脾换取其他群的卵虫脾，以增加蜂群的巢内工作量。

3. 巢蜜的采收与包装

巢蜜格贮蜜完满，并已全部封盖时，应及时取出，切勿久置蜂群中，以防止蜡盖上产生蜜蜂爬行的足迹。采收巢蜜时，需用蜂刷驱逐蜜脾上的蜜蜂，动作要轻，切勿损坏蜡盖。

巢蜜采收回来后，需用不锈钢薄刀把巢蜜格逐个割去边沿和四角上的蜡瘤、蜂胶。

巢蜜清理干净后，需立即进行杀虫处理，以防止蜡螟幼虫对其破坏。将巢蜜装入无毒食品塑料袋密封，在-20～-15℃下冷冻24小时，可以杀死蜡螟的卵和幼虫。

经过整修、杀虫的巢蜜，逐个挑选，按巢蜜的外表平整、封盖完满程度、色泽均匀、格子清洁度、没有花粉房、不结晶、重量等标准分级，剔除不合格产品。

第二节　蜂王浆生产技术

蜂王浆是工蜂咽下腺和上颚腺分泌的，主要用于饲喂蜂王和蜜蜂幼虫的浆状物质。蜂群的哺育蜂过剩时就会筑造自然王台培养蜂王，人们利用此习性，人为地给予较多的人工台基，并移入初孵幼虫，待蜂王幼虫消耗较少、剩余蜂王浆量最多的时候，取出蜂王幼虫，收集台基内的蜂王浆。

一、蜂王浆生产的条件

①蜂群健康，一般要求群势在8足框蜂以上，群内蜂龄协调，子脾齐全、健康，有大量的青壮年工蜂。

②生产蜂王浆需要丰富的蜜粉源，特别是粉源必须充足。如果短时间缺少粉源，需要人工补充饲喂，并坚持奖励饲喂蜜汁或糖浆。

③生产蜂群不应使用未经国家批准的药物，不应使用被蜜蜂病原体和抗生素污染、含

有药物残留的饲料喂蜂。

④一般气温达到15℃以上时较利于蜂王浆生产，但气温高于35℃，相对湿度在80%以上时对产浆不利。

⑤准备生产蜂王浆的工具：蜂王浆框、移虫针、塑料台基、采浆用具、镊子、刀片、酒精、取浆舌或取浆器等。

⑥要有单独的蜂王浆生产工作区，生产区中要有工作台和紫外灯等消毒设备，每次蜂王浆生产前，应对工作区进行消毒。

⑦从事生产的养蜂人员要求身体健康、无传染病，每年应进行1次体检，熟悉养蜂生产和生产蜂王浆操作技术。

二、生产蜂王浆的方法

生产蜂王浆的操作程序如下。

1. 组织产浆群

在组织产浆群前，用隔王板将蜂群隔成繁殖区和生产区。蜂王放在巢箱里产卵，为繁殖区。继箱里无王，为产浆区。把即将出房的封盖子脾和空脾从继箱调入巢箱，两侧放蜜粉脾。继箱里留2框蜜粉脾，1～2框封盖子脾，1～2框大幼虫脾放在中部浆框两侧，即可生产蜂王浆。

2. 适龄幼虫的准备

为保持产浆群的强壮，稳定持续地生产蜂王浆，减少移虫的麻烦，提高移虫效率，必须组织幼虫供应群。幼虫供应群可以是单王群，也可用双王群和多王蜂，采用蜂王产卵控制器易取得适龄幼虫。即在移虫前4～5天，将蜂王和适宜产卵的空脾放入蜂王产卵控制器，工蜂可以自由出入，蜂王被限制在空脾上产卵2～3天，定时取用适龄幼虫和补加空脾。

3. 王浆框的安装

采用蜡杯台基还需蘸制蜡碗、粘台、修台、补台或换台等项工序。自20世纪80年代后广泛采用塑料台基条，可用细铅丝绑或万能胶粘，固定在王浆框的木条上，根据群势每框安装3～10条。在移虫前将安好台基条的王浆框放进蜂巢让蜜蜂清理24小时以上。

4. 移虫

先用排笔给台基里刷些蜜或蜂王浆，并从蜂群取出清扫好的蜂王浆框；从供虫群提出供虫脾，用弹簧移虫针针尖端顺巢房壁直接插入幼虫体底部，连同浆液提出，再把移虫针伸到台基底部经压弹性推杆，便可连浆带虫推入台基底部。依次将幼虫移入台基。移虫完毕后的蜂王浆框，需尽快放入产浆群继箱的2个幼虫脾之间。第1次移虫接受率通常不高，需经2～3小时后再补移1次幼虫。

5. 插框

移虫完毕后的采浆框需及时插入产浆群，插框时要徐徐而下。在正常情况下，每个采浆框安6～10条王台条。群势 8～9框蜂的蜂群，一般插1个采浆框，春季插2个双浆框；蜂群14框蜂左右，一般插1个双浆框，个别群势强、接受率高的蜂群，可插2个双浆框。但在条件较差、接受率不高的时候，即使插 1 个采浆框也要酌情减少王台条，一般先减去上边的王台条，后减去下边的王台条，留中间3条，使王台条刚好在蜂多的部位，以便于工蜂哺育和保温。

6. 补虫

移虫后2～3小时，需取出王浆框进行检查，对没接受的台基进行补移幼虫。新台基一般要求补移2～3次，有时为降低巢内温度、增加湿度，可给没有幼虫的新台基中洒些清水，以提高接受率和蜂王浆的产量。补虫时，虫龄可稍大，与第1次相等。

7. 取浆

移虫后68～72小时即可取浆。从蜂群中取出蜂王浆框，轻轻抖落工蜂，再用蜂帚扫落剩余工蜂，将王台条取下或翻转成90度，用锋利的割蜜刀顺台基口由下向上削去加高部分的蜂蜡，逐一钳出幼虫，注意不要钳破幼虫，也不要漏掉幼虫，并用竹片或刮浆片取浆。

8. 过滤

有条件的蜂场，用100～120目的尼龙网袋过滤蜂王浆，将蜂王浆中的蜡渣等杂质过滤后分装。

9. 冷藏

过滤分装的蜂王浆要及时在-18℃以下的低温环境中冷藏。

三、蜂王浆高产配套技术

影响蜂王浆产量的因素很多，要取得蜂王浆的高产，可采用以下的配套技术。

1. 饲养蜂王浆高产蜂种

作为以生产蜂王浆为主的蜂场应饲养蜂王浆产量高的蜂种。可结合本场实际，有计划地引进蜂王浆高产蜂王，并在引进高产蜂王后，在本场进行再优选。

2. 使用蜂王浆高产蜂机具

蜂王浆高产蜂机具包括蜂箱、台基条、多功能组合式隔王栅等。台基条的台基形状、大小、数量均会影响蜂王浆的产量。应选择台型为直桶形、台基大小和数量适中、材料优质的台基条。

多功能组合式隔王栅（三框隔王栅或框式隔王栅），可把蜂群分成产卵区、哺育区及产浆区。产浆区在继箱上，哺育区在巢箱一侧，这2个区都没有蜂王，可各放1个王浆框生产王浆，由于这2个区相隔较远，哺育蜂工作不至拥挤，加上蜂群组织结构比较合理，可显著提高蜂王浆产量。

3. 因群制宜量蜂定台

蜂王浆的群产量随接受台数和台浆量的增加而增加。所以，在台浆量不变的情况下，可以用增加接受台数来增加蜂王浆产量。增加接受台数可通过提高现有台基的接受率或增加台基数。在单框生产时，原有3条或4条的可以增加到5条。如5条仍觉得不够时，可加2个产浆框生产，每个产浆框由3～5条台基条构成。

4. 保持蜜粉充足

蜜源丰富的大流蜜期，不仅是夺取蜂蜜丰收的时机，也是生产蜂王浆的黄金时期，但在辅助蜜源或无花期就应保持蜜、粉充足，不断进行饲喂才能获得高产。

5. 增长产浆期

产浆期是从每年开始生产蜂王浆之日起，到生产结束之日为止的一段时间。北方时间较短，而南方时间较长，如江浙一带每年可达七个半月。要增长产浆期必须增长群势强盛阶段，强盛阶段就是生产阶段，生产蜂王浆不像生产蜂蜜，在辅助蜜源甚至在无花期，只要群势强大都能生产。因此，增长了强盛阶段就能增长产浆期，在单位框次蜂王浆产量不变的前提下，蜂王浆产量和产浆期是成正比的。

6. 实施以定地为主结合转地的饲养方式

常年定地饲养，往往会出现短期的断蜜期甚至断粉期，断蜜期和断粉期虽然可以通过人工饲喂糖浆和天然花粉或人工花粉维持蜂王浆生产，但蜂王浆产量总比蜜蜂利用自然蜜粉源时低，且饲料成本增加，管理工作麻烦，易发生盗蜂等。因此在蜜粉断绝期可把蜂群转地到其他有蜜源的地方去，从而实行以定地为主结合转地的饲养方式。

7. 提高产浆操作水平

要适时调整产浆群，一般每生产1～2批蜂王浆，就要调整1次巢脾。将正在或将要出房的封盖子和巢箱里的大幼虫脾进行调换，保持蜂脾相称或蜂多于脾的状态。贮蜜存粉不足时，要及时补助饲喂，以处理好产浆与取蜜的关系。使用过的老塑料台基，虽然接受率较好，但是生产6～7批后，浆垢增多，就必须将台基中的浆垢用薄铁片清除。

第三节　蜂花粉生产技术

蜂花粉是工蜂采集植物花粉，用唾液和花蜜混合后形成的物质，是幼虫、幼蜂发育中所必需的蛋白质、脂肪、矿物质、维生素等营养物质的主要来源。

一、蜂花粉的采收时期

主要粉源植物开花吐粉后，工蜂能采集大量花粉时，才能开始生产蜂花粉。春季油菜花粉量多，但正值蜂群繁殖期，蜂群需要大量花粉，只可酌情少量生产商品花粉。夏季以后的油菜、玉米、党参、芝麻、向日葵、荞麦和茶树等蜜粉源植物开花时，可以大量生产商品蜂花粉。南方山区夏秋季节粉源植物繁多，除有毒杂花粉之外，都可做商品花粉采收，并可留作蜜蜂饲料。

脱粉应在每天蜂群采粉高峰时进行。

二、蜂花粉的采收方法

目前普遍采用花粉截留器（脱粉器）截留蜜蜂携带回巢的花粉团。

脱粉器种类较多，包括巢箱下放置的箱底脱粉器、蜂箱进出口放置的巢门脱粉器以及巢内脱粉器。为提高蜂花粉的清洁度，提倡使用巢内脱粉器。脱粉器主要部件是脱粉板，脱粉器上的脱粉孔径大小应该控制在不损伤蜜蜂、不影响蜜蜂进出自如并使脱粉率达90%左右。西方蜜蜂的孔径为4.7～4.9毫米，中蜂的孔径为4.2～4.4毫米。安装脱粉器时，要求安装牢固、紧密，脱粉器外无缝隙，如安装巢门脱粉器时，脱粉板应紧靠蜂箱前壁，阻塞巢门附近所有缝隙，蜜蜂只能通过脱粉器进入巢内，以免影响脱粉效果。同一排蜂箱必须同时安上或取下脱粉器，不然会出现携带花粉团的蜜蜂朝没有安脱粉器的蜂箱里钻，造成偏集，导致强弱不均。

采集蜂花粉时，动作要轻，以免蜂花粉团粒破碎；采收结束后应清洁脱粉器、接粉器，以便下次使用。

三、采收花粉时的蜂群管理

1. 合理调整群势

主要粉源植物开花前45天左右组织采粉群，并留有足够空脾以利于蜂王产卵，适当控制群势，培育适龄采粉蜂。在生产花粉前15天或进入生产花粉场前后，从强群中抽出部分带幼蜂的封盖子脾补助弱群，将弱群补成10框蜂左右。生产花粉的蜂群在增殖期以中等群势效率较高，不像生产蜂王浆、蜂蜜那样要求群势越强越好。当蜂群进入增殖期，蜂王产卵旺盛，工蜂积极哺育蜂子，巢内需要花粉量较大，外勤蜂采集花粉的积极性较高。在这种气候正常、外界粉源充足的情况下，5框以上的蜂群即可生产花粉，8～10框群势的蜂群生产花粉的产量较理想。

2. 淘汰老、劣蜂王，换入新蜂王

在生产花粉前，应将产卵性能差的老、劣蜂王淘汰，换入新蜂王。群内长期保持有较多幼虫，以刺激蜜蜂积极采集花粉。双王群生产花粉，两区同时安装脱粉器，以防蜂群发生偏集。

3. 蜂巢内保持饲料蜜充足

生产花粉期间，若蜂群内缺蜜或贮蜜不足，采集蜂会因寻找和采集花蜜而放弃采集花粉。为此，需给巢内喂足糖浆。同时将群内的花粉脾抽出，使蜂群保持贮粉不足，只够饲料用，并奖励饲喂，以刺激蜜蜂采集花粉的积极性。

4. 定时采收花粉

粉源丰盛的季节，应把生产时间错开。每天上午11时以前一般是蜂群大量进花粉的时候，应将脱粉器安放在巢门前收集花粉，上午11时后取下脱粉器，中午、下午生产蜂蜜。秋季向日葵、荞麦花期，取下脱粉器时，注意缩小巢门，预防盗蜂。在外界粉多蜜少而蜂群群势较弱的情况下，不必天天装卸脱粉器，可以专门采收花粉。但必须供给蜂群少量花粉，以免影响蜂群的正常繁殖。

5. 勤倒脱粉器托盘的花粉

大量进粉时，被脱下的花粉团容易堆积在托盘里影响蜜蜂的出入。少数蜜蜂会把花粉

团扒出托盘，并混入沙子，影响花粉的质量，故要勤倒托盘上的花粉。每次倒出花粉后，应及时清理集粉托盘上黏附的残存花粉，保持清洁，以免变质花粉掺入新花粉中而影响质量。

6. 保证花粉的质量

采粉群蜂箱前壁、巢门踏板应保持清洁。有病蜂群以及外界粉源受到污染或发现蜜蜂农药中毒时，应停止生产蜂花粉。蜂场周围应保持清洁，经常洒水，防止沙尘飞扬。巢门方向宜朝西南，避免太阳直射巢门。此外，在整个花粉生产期间，要每天坚持2～3小时的脱粉，以增加花粉的产量。只要有一定量的粉蜜源，就不要随便迁场，以免影响蜂蜜和花粉的正常生产。

第四节　蜂胶生产技术

蜂胶是工蜂采集植物树脂等分泌物与其上颚腺、蜡腺等分泌物混合形成的胶黏性物质，是蜜蜂用来抗菌、防御疾病的天然物质。蜜蜂采集的蜂胶直接用于修补巢房、粘固巢框、缩小巢门、封闭病变幼虫房，密封无法清除出巢外的入侵敌害（如被蜜蜂蜇死的老鼠或蜥蜴），以防止其腐败。

一、蜂胶的采集方法

生产蜂胶最普通的方法是从蜂巢的盖布、纱盖、隔王板、巢框及蜂箱四周刮取，其中以盖布和纱盖上最多。为了保证蜂胶的纯度，取胶前要把蜡屑、蜂尸、木屑及其他杂质清除干净。下面介绍几种取胶方法。

1. 直接刮集法

用竹制刮刀直接从副盖、继箱、巢箱箱口边沿、隔王板、巢脾与箱体、巢脾框耳下缘或其他部位直接刮集。

2. 盖布取胶

（1）准备盖布。

盖布以白棉布为材质，每块盖布尺寸与蜂箱副盖边长一致。

（2）放置盖布。

盖布可单层或双层放置。

①单层盖布放置。在巢脾框梁上横放3～5条木条，使盖布与上框梁保持3～5毫米的距离，促使蜜蜂直接在盖布上积聚蜂胶。取胶时，将盖布晒软，而后用起刮刀刮取。有条件

的也可将盖布放进冰柜，蜂胶冻结后变脆，取出盖布，敲打揉搓即可使蜂胶落下。刮完胶以后，将盖布胶面向下盖回蜂箱，使无胶面始终保持干净。在胶源丰富的地区，10～20天后，可以进行第2次刮胶。

②双层盖布放置。在盖布下加盖与盖布大小一致的白色尼龙纱，并按单层盖布放置方法使盖布尼龙纱与框梁形成3～5毫米的距离。

（3）取盖布。

放置盖布20～30天后，根据蜂胶在盖布或尼龙纱积聚的情况，从蜂群中取出盖布或尼龙纱。

（4）采收蜂胶。

采收蜂胶可在常温和低温条件下进行。

①常温取胶。将取出的盖布或尼龙纱平放在干净的木板上，压平，经太阳晒软后用竹制刮刀刮取。

②低温取胶。将盖布或盖布尼龙纱放进冰柜或冷库，待蜂胶冷冻变脆后，直接卷曲或敲搓蜂胶。

③盖布直接销售。直接将含蜂胶的盖布销售给蜂胶提取厂。

3. 集胶器生产法

（1）集胶器的准备。

采购常见的集胶器如网栅式集胶器（图3-2）、多功能栅式采胶副盖等。

（2）集胶器的放置。

将网栅式集胶器或多功能栅式采胶副盖等类型的集胶器放置于蜂箱巢脾顶部。检查并堵严蜂箱的缝隙。

（3）采收蜂胶。

采收蜂胶可在常温和低温条件下进行。

①常温取胶。每月根据蜂胶积聚情况，用竹制刮刀直接从集胶器上刮集蜂胶。

②低温取胶。将集胶器从蜂群中取下，放入冰柜或冷库内冷冻，待蜂胶变脆后直接敲击或刮取蜂胶。

图3-2　网栅式集胶器

4. 尼龙纱或塑料纱网副盖收集蜂胶

将网眼约2毫米的纱网剪成比副盖大出2厘米的块状，再将纱网用图钉钉在副盖上，不必钉太紧，以便于取胶时揭下。或者干脆取下蜂箱上的覆布，将纱网代替覆布直接放在蜂箱内的巢框上面。使用时，蜂箱除巢门及纱盖外，其余裂缝及前后纱窗，都要用胶带纸糊好或用不干胶纸粘好，以免蜜蜂在此处浪费蜂胶。

待气温下降至蜂胶变脆时，即可取出挂胶纱网，用搓、捶等方法取下较纯净的蜂胶，装袋出售。取下蜂胶的纱网应平放在一起压平，以备重复使用。

二、蜂胶生产应注意的问题

①刮取铁纱盖或覆布上的蜂胶，不可用刀尖、铁钉或较锋利的起刮刀，以免破坏铁纱和覆布，并避免金属、棉花纤维、尼龙丝头等混入蜂胶中。最好是将它们取出放置在较低的温度下（低于20℃），待蜂胶变脆时，轻敲或揉搓使之落下，从巢框上梁、副盖、箱体上刮取蜂胶，常容易刮下木屑而混入蜂胶中，使蜂胶质量下降，故宜用钝的不锈钢起刮刀或竹片等刮取。

②纱盖、覆布及取胶工具，不可乱放，以免粘连泥沙，造成污染。如发现蜂胶中有其他夹杂物，应及时剔去。

③蜂胶中所含芳香油极易挥发，在蜂箱中取出的纱盖、覆布或集胶器等，应及时将蜂胶脱落，并装入无毒塑料袋中严封。在低温下收集的粉末状蜂胶，不必将其加热捏成团，以免芳香油大量挥发。

④蜂群在发展阶段，有随处筑造赘脾和积聚蜡瘤的习性，很容易将蜡混入蜂胶中。因此，采集蜂胶，应注意避开蜜蜂增殖期，交尾群、新分群、换王群也不宜立即生产蜂胶。平时管理蜂群，如发现有赘脾、蜡瘤，应随时清理干净，防止混入蜂胶中。

第五节　蜂毒生产技术

蜂毒具有芳香气味，是工蜂的毒腺分泌的透明液体，贮存在毒囊中，螫刺时由螫针排出。工蜂的毒液量与其日龄有关。刚出房时毒液量很少，随日龄的增长逐渐增多，至第15日龄时约为0.3毫克，适应担任守卫、御敌工作。18日龄以后，毒腺细胞逐渐退化，毒量不再增加。蜂毒的含量、成分与蜂种关系密切，东方蜜蜂少于西方蜜蜂。采收蜂毒在流蜜期结束后，以取老蜂的蜂毒为主。

一、生产蜂毒的方法

1. 直接刺激取毒法

用手或镊子夹住工蜂胸部，激怒工蜂螫刺滤纸或动物膜，毒液留下后用蒸馏水洗脱滤纸或动物膜，使蜂毒溶入水中。经干燥后取得粉末状蜂毒。此法取毒量小但并不纯净，而且费工费时，取毒后的蜜蜂会死亡，因此不适用于大量生产蜂毒。

2. 乙醚麻醉取毒法

工蜂放入盛有少量乙醚的较大容器中后，会被乙醚蒸气麻醉并发生排毒，蜂毒集中在容器底部。麻醉状态的蜜蜂苏醒后可继续工作。此法取蜂毒量大但不纯净，而且常因麻醉技术掌握不准，容易造成部分蜜蜂死亡。

3. 电刺激取毒法

从20世纪60年代开始，科学家根据蜜蜂生物学特点，开发出不影响蜂群采集活动、对蜜蜂伤害又极小的电取蜂毒器（图3-3）。用玻璃板直接接受排毒，蜜蜂螫针刚排出的蜂毒是液态的，但在空气中会很快变干，形成结晶状树脂样物质。用刀片将干蜂毒从玻璃板上刮下，装入玻璃瓶密封并保持干燥，供提纯精制。每群每次可获取干蜂毒0.1克。

图3-3　电取蜂毒器

二、蜂毒高产的技术措施

生产蜂毒要选取繁殖快、青壮年蜂多、自卫本领强的强群，群内保持蜜粉饲料充足。

大流蜜期蜜蜂经电刺激后会吐蜜，易使蜂毒生霉，此时不宜取毒。采毒一般选在大流蜜期即将结束、外界气温高于20℃的晴朗天气进行，取毒后的蜂群如果转地一般应在取毒后3～4天后才安全。定地饲养的蜂群应间隔14天才能再次取毒。

第六节　雄蜂蛹生产技术

雄蜂蛹是蜂王在雄蜂房产下的未受精卵，经工蜂孵化哺育而生长发育成的蛹体。不同日龄的蛹重、成分均不同。生产上一般采集19～21日龄的蛹体，因为此时蛹体、附肢已基本发育完成，翅还未分化，体表几丁质尚未硬化，正适合食用，是营养价值极高的天然营养食品。

一、雄蜂蛹生产的基本条件

生产雄蜂蛹，必须是群势强、蜂密集、健康无病（特别注意不能有幼虫病）；有分蜂的要求；外界有较充足的蜜粉源植物开花，巢内蜜粉充足。

生产雄蜂蛹要准备好雄蜂巢脾。选用普通的标准巢框，固定雄蜂巢础，将安有雄蜂巢础的巢框加入强群中造脾。若外界蜜源不足，要适当进行奖励饲喂，才能造出整齐、牢固的雄蜂脾。一般每群蜂准备1～4张雄蜂巢脾。

二、生产雄蜂蛹

将蜂王产卵控制器放在巢箱内一侧的幼虫脾与封盖子脾之间，将准备好的雄蜂脾放入控制器内，让工蜂自由进出并打扫控制器和雄蜂脾。翌日（一般在下午），将本群蜂王放入控制器内，让蜂王在雄蜂脾上产卵，36小时后把蜂王放回繁殖区，蜂王产卵控制器取出后可下次再用，雄蜂脾放到继箱无王区里孵化、哺育。采用蜂王集中在雄蜂脾上产卵的方法子脾整齐、面积大、方便、简单，易获高产。

如果没有蜂王产卵控制器，则用框式隔王板在巢箱的一侧隔离出可容3个巢脾的小区域，小区域内放2张已产满卵的卵虫脾和刚封盖子脾，加入准备好的雄蜂脾，盖上三框隔王板，防止蜂王爬出小区，迫使蜂王在雄蜂脾上产卵36小时。然后把产有雄蜂卵的雄蜂脾提出放到无王区内孵化、哺育，将框式隔王板拆除，让蜂王回到繁殖区。也可把小区内靠框式隔王板的工蜂子脾抽出1个，加入2个空脾，让蜂王在空脾上产卵，每周换空脾，直至第2次生产雄蜂蛹为止。

三、采收雄蜂蛹

将已达19～21日龄的封盖雄蜂蛹脾从蜂群内提出，抖去蜜蜂。有冰柜的蜂场，将封盖雄蜂蛹脾放进冰柜内冷冻5～7分钟，取出后使脾面呈水平状态，用木棒在上梁上敲几下，或将脾在桌子边沿垂直磕几下，将脾内的蛹下沉，然后用长条割蜜盖刀割除雄蜂房封盖，注意不要割到雄蜂蛹的头部。把开盖的一面翻转朝下，对准托盘或竹筛，用木棒再次敲框梁，雄蜂蛹便脱落在托盘或竹筛中。再用同样方法取另一面，少量未脱出的雄蜂蛹，可用竹镊子夹出。生产雄蜂蛹的巢脾，可重复使用。

四、雄蜂蛹高产的技术措施

1. 饲养双王群或多王群

只有青壮年蜂密集的强群，蜂王才有产雄蜂卵的积极性。利用双王群生产雄蜂蛹，每群可以7～10天生产1框雄蜂蛹。利用多王群内多只蜂王的产卵力可在较短时间内将卵产满整张雄蜂脾，生产雄蜂蛹产量高、虫龄一致、质量好。

2. 饲料充足

蛋白质饲料是雄蜂蛹生产的必要条件。在外界蜜粉源缺乏时，需要人工饲喂糖浆和花粉或花粉代用品。

3. 必要的工具

蜂王产卵控制器是生产雄蜂蛹的必备工具。只要蜂群群势强、粉蜜充足，将蜂王放进蜂王产卵控制器内的雄蜂脾上，就可强迫蜂王产雄蜂卵。没有蜂王产卵控制器时，也可用框式隔王板和三框隔王板（多功能组合式隔王板）替代。

4. 防止污染

生产蜂群必须健康无病（特别是没有幼虫病），生产过程中要绝对防止药物污染。采收和分装雄蜂蛹的场所环境、工具、盛装物品均要用酒精消毒，工作人员要保持洁净卫生，防止病菌污染雄蜂蛹。

5. 保鲜

采收的雄蜂蛹如果暴露在空气中，其体内的酪氨酸酶活性加强，会导致短时间内蛹体变黑，所以采收后要对雄蜂蛹进行保鲜处理。

采收雄蜂蛹之前，先把采收的工具用酒精消毒，把蒸锅的水烧开，搁上蒸屉。将采收的雄蜂蛹放入蒸屉旺火蒸8～10分钟，使酪氨酸酶失活，蛋白质凝固。选择无污染、空气流通的房间，在洁净的平台或桌子上，铺2～3层消毒过的纱布，倒上蒸过的雄蜂蛹，摊开并罩上防蝇防尘罩，晾干蛹体表面的水分。待蛹体含水量低于74%时，挑拣出不完整的雄蜂蛹，成品用不透气的聚乙烯透明塑料袋分装，排除袋内空气、密封，并立即放进-20℃低温冷冻保存。

第四章　蜜蜂病敌害防控

第一节　蜜蜂病敌害的种类及防控原则

一、蜜蜂病敌害种类

蜜蜂病敌害的种类很多，就其传染性来分，可分为传染性病害，非传染性病害和敌害。就传染性病害而言，依据病原种类，又可分为病毒病、螺原体病、细菌病、真菌病、原生动物病、寄生螨和寄生虫病。病毒病主要有危害幼虫的囊状幼虫病和危害成年蜂的麻痹病和其他病毒病；细菌病有美洲幼虫腐臭病、欧洲幼虫腐臭病、副伤寒病和败血病；真菌病有白垩病、黄曲霉病、蜜蜂孢子虫病等；原生动物病有阿米巴病；寄生螨有狄斯瓦螨即大蜂螨、亮热厉螨即小蜂螨和其他螨类；寄生虫病有蜂麻蝇病、蜜蜂茧蜂、驼背蝇、圆头蝇、蜂虱和线虫。蜜蜂的敌害有蜡螟、胡蜂、其他昆虫类，两栖类和蜘蛛类，鸟类和兽类敌害。

其中，大蜂螨、小蜂螨、白垩病、孢子虫病和美洲幼虫腐臭病是当前影响西方蜜蜂健康的最主要病敌害；囊状幼虫病、欧洲幼虫腐臭病和蜡螟是东方蜜蜂的最主要病敌害。胡蜂则在南方各省，特别是山区，对西方蜜蜂和东方蜜蜂的危害都很大。本章主要对这几种病敌害的防控进行介绍。

二、病敌害防控原则

1. 蜜蜂病敌害的防控

蜂群的兴衰受诸多因素影响，如蜜源、环境、气候、蜂种、病虫害以及饲养技术等，这些因素互相制约，互为因果，密切相关。因此，对于蜜蜂病敌害防控，首先要树立的理念是“蜜蜂病敌害防控是一个系统的工程”。

除寄生病害（如大蜂螨和小蜂螨）外，蜜蜂病害与蜜源、环境和气候等环境条件有密切的关系。蜂群生病，并不一定是由病原引起的，很多情况是由病原以外的因素引起的。蜜蜂很多病原呈隐性感染，也就是说，很多蜂群被病原感染，但不发病，而只在特殊条件下，才导致疾病暴发。因此，要维持蜂群健康，除考虑减少病原的因素外，还应该考虑蜜源、环境、气候、生产压力、营养等外在条件。例如，蜜源好的条件下，蜂群易养，而蜜源差的条件下蜂群易生病；蜂场场址选在污染少、安静的环境，蜂群易养，而一些环境条件较差（如公路边）的蜂场，蜂群易生病。中蜂对环境条件特别敏感，在环境条件不好的情况下，容易得幼虫病。

蜂种是决定蜂群健康的重要因素。由于蜂农在西方蜜蜂的生产上长期关注蜂产品产量，而忽视蜂群抗病性，导致蜂群抗病性普遍较低。随着蜂螨对螨药抗药性的增强，抗螨蜂群的选育已是长久解决蜂螨问题的关键。欧美国家近年来出现的一些抗螨蜂群，证明抗螨蜂群的选育的方法还是可行的。由于几乎无可用的药物可以用于治疗蜜蜂病毒病，所以蜂群自身抗病力的提高也显得尤为重要。

2. 预防为主，防重于治

蜂群是一个社会性群体，由很多个体组成。当病害症状明显时，个体的健康已经受到显著影响，治疗手段已无法避免病害对个体健康的影响。特别是发病严重时，一些个体已经濒临死亡，任何药物都无作用。因此，当蜂群发病时，使用药物治疗效果一般。

此外，药物对蜜蜂的毒性也不容忽视。蜂群患病后，在用药物杀灭病原的过程中，药物的毒性很可能会加速患病蜜蜂个体的死亡，甚至对健康蜜蜂个体产生影响。

因此，在蜜蜂病害防控的过程中应以预防为主，防重于治。

3. 以控代治，减少药物使用

蜂群发病后，用药物杀灭病原不是减少损失的唯一方式。即使是大蜂螨、小蜂螨这样很大程度上要依赖药物来减少其危害的病虫害，也需要综合考虑利用各项条件进行控制。例如，利用大蜂螨和小蜂螨都偏好寄生雄蜂巢房的特性，可以使用雄蜂巢房诱捕蜂螨后进行清除，以减少蜂群对药物治螨的需求。而对于病毒病、细菌病的防控，在蜂群发病时，不能仅仅依赖药物杀灭病原，更重要的是综合利用蜂群的饲养管理以减少病原数量、减少病原在蜂群内和蜂群间的传播、提高蜂群的抗病能力等。例如，割弃患病子脾就能大大减少蜂群内病原的数量，减少病原在蜂群内传播的机会；囚王断子能够减少幼虫病病原的进一步增殖；对患病蜂群进行更换蜂箱和巢脾，并对巢脾、蜂箱和蜂场地面进行消毒，能够减少病原的进一步传播。因此，对于病毒病和细菌病，正确的饲养管理操作在疾病防控中起到的作用要高于药物的作用。

4. 遵守法律，杜绝乱用药

随着社会经济的发展和人们生活水平的不断提高，食品安全成为备受关注的焦点问题和各国食品供求与消费的主调。蜂产品的安全问题也不例外，其安全关键在于药物残留的控制。《中华人民共和国食品安全法》的颁布实施更是把食品安全问题上升为法律问题。蜂病防控中药物的使用必须严格执行原农业部颁布的《蜜蜂病虫害综合防治规范》，通过加强营养、保温、通风、降湿等管理手段来减少病害的发生，不能任意加药防治。病害发生至非用药治疗不可时,必须做到绝不使用相关规定中禁用的兽药及其他化合物。对于允许使用的药物,要做到临近采蜜期的6周及采蜜期后均停用。最好将药物加在花粉中饲喂,而不是加在糖浆中饲喂,以避免未吃完的含药糖浆,在大流蜜时被搬上贮蜜继箱进而污染蜂蜜,导致药物残留超标。一定要将药物加在糖浆中饲喂时,第1次打下的蜜必须留作饲料蜜,不可混入商品蜜中。此外,蜂场应做好蜂病防治用药记录,既便于蜂场对蜂病防治用药控制,也有利于蜂产品安全监督。

使用违禁药是触犯食品安全法的行为。近年来,已有食品生产企业和蜂农因所生产的蜂蜜中含有严禁使用的药物而受到了法律制裁。

表4-1所列的是与养蜂生产可能有关,但国家法律法规明令禁止使用的药物。

表4-1　养蜂生产中严禁使用的相关药物

序号	药物	相关法规（颁布时间）
1	氯霉素及其盐、酯（包括：琥珀氯霉素）及制剂	原农业部第193号公告（2002年4月）
2	氨苯砜及制剂	
3	杀虫脒（克死螨）	
4	硝基呋喃类：呋喃唑酮、呋喃它酮、呋喃苯烯酸钠及制剂，呋喃西林、呋喃妥因及其盐、酯及制剂	
5	硝基咪唑类：甲硝唑、地美硝唑、替硝唑及其盐、酯及制剂	
6	金刚烷胺、金刚乙胺	原农业部第560号公告（2005年10月）
7	洛美沙星、培氟沙星、氧氟沙星、诺氟沙星（氟哌酸）	原农业部第2292号公告（2015年9月）

第二节　蜜蜂常见传染性疾病的诊断与防控

一、大蜂螨

大蜂螨即狄斯瓦螨,是蜜蜂的体外寄生螨,在封盖工蜂和雄蜂巢房中繁殖。大蜂螨的原始寄主是东方蜜蜂。但东方蜜蜂蜂群抗螨性强。大蜂螨在20世纪50年代开始寄生西方蜜蜂。由于西方蜜蜂没有抗性,大蜂螨可以在西方蜜蜂蜂群中大量繁殖,最终危及蜂群的健康。

1. 生物学特征

雌螨呈横椭圆形,长约1.17毫米、宽约1.77毫米,体色为暗红至褐色(图4-1)。背部被一整块角质化的背板所覆盖。背板具有网状花纹和浓密的刚毛。腹部具有胸板、生殖板、肛板、腹股板、腹侧板等结构。

在1个幼虫巢房中雌螨可产1～7粒卵。雌螨偏爱在未封盖的雄蜂房中产卵。雄螨比雌螨小，长约0.88毫米、宽约0.72毫米，卵圆形，体色略显苍白，背面有背板，覆盖全部背面及腹面的边缘部分。腹面各板除肛板明显外，其余各板界线不清。雄螨在封盖的幼虫房中与雌螨交配，蜜蜂出房后雄螨死亡。

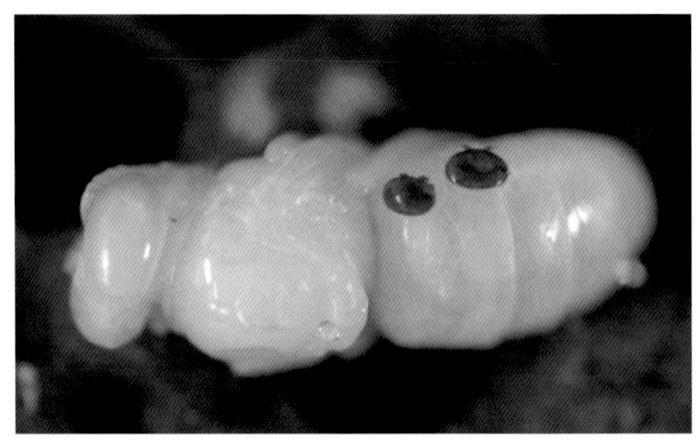

图4-1 寄生在蜂蛹上的大蜂螨（Vincent Dietemann 摄）

受精的雌螨寄生在已经封盖作茧的蜜蜂幼虫体上产卵。螨卵的发育需要2天，雄性前期若虫期3天，雌性为4天；后期若虫均为1～2 天。综合起来，雌螨的发育期是8～9天，雄螨的发育期是6～7天。

2. 症状与诊断

几乎每个西方蜜蜂蜂群都会遭受螨害，即使彻底治螨后，大蜂螨也会通过盗蜂、偏蜂等途径进入蜂群。可用下列3种方法判断蜂群感染大蜂螨的情况。

（1）肉眼直接检查。

打开蜂箱，提出蜂脾，用拇指和食指抓捉蜜蜂仔细观察蜜蜂的头胸部之间，胸部和腹部的背侧面、第1～3腹节的外侧面有无大蜂螨寄生。也可挑开封盖的雄蜂房，拉出雄蜂蛹，观察蛹体和巢房内有无大蜂螨。大蜂螨常藏匿于蜜蜂体节间，仅通过观察蜂体上的大蜂螨寄生情况来判断蜂群蜂螨感染水通常会低估蜂群的被感染水平。一般若能在蜂体上轻易地见到大蜂螨，说明蜂群感染水平已经很高。

（2）巢门前观察。

若在巢门前发现有许多翅、足残缺的幼蜂爬行或工蜂拖出死蜂现象，且还可见死蛹体上附有白色的若螨，即可确定蜂群已经严重感染大蜂螨。

（3）药物落螨。

用悬挂式治螨药物放置在蜂箱内，箱底垫放白纸，1～2小时后取出白纸查看有无落螨。被大蜂螨寄生的蜜蜂发育不良，体质弱，采集力差，寿命短。大蜂螨除对蜜蜂健康产生直接危害外，还会与其他致病因素产生协同作用。大蜂螨会促进蜂群病毒病的暴发。一般西方蜜蜂蜂群隐性感染多种病毒，在蜂群螨害不严重时，这些病毒不会产生显著影响，但当螨害达到一定水平后，病毒病就会暴发。因此，大蜂螨的防控也是防控蜜蜂病毒病的重要手段。

3. 发生与传播

在蜂群内，蜜蜂相互拥挤、接触，使大蜂螨很容易在蜜蜂个体之间转移；盗蜂和迷巢蜂亦是大蜂螨在蜂群间互相传播的主要途径。此外，合并蜂群或调换子脾都会造成大蜂螨的传播。

4. 防控方法

目前很难将大蜂螨从蜂群中根除，防控的目标是将蜂群中大蜂螨的寄生水平控制在一定的阈值以下（5%左右）。寄生水平在这一阈值以下，大蜂螨不会对蜂群健康产生明显危害。寄生水平超过这一阈值时，就要引起重视。

（1）化学防治。

可用氟氯苯氰菊酯条或氟氨氰菊酯（螨扑）防治。由于长期使用氟氯苯氰菊酯条和氟氨氰菊酯，大蜂螨对这两种药的抗药性已经越来越强。但使用氟氯苯氰菊酯条或氟氨氰菊酯（螨扑）仍然是最常用的治螨手段。为提高治螨效果，还应综合应用其他的治螨方法。此外，甲酸、草酸、双甲脒和蝇毒磷亦可用于治螨。这些水剂药物可以通过喷洒的方式治螨，治螨效果常更彻底。这几种药物轮换使用时，效果更佳。化学防治时，用法及用量参考产品说明书。需要注意，在使用新品种的药物时，应先选择几个蜂群试验用量，避免药物过量对蜂群健康产生影响。

（2）生物防控。

蜂群有临近封盖的雄蜂巢房时，大蜂螨会首选进入雄蜂巢房进行繁殖，偏好性寄生雄蜂巢房。可以利用这一特性，用雄蜂子脾诱捕大蜂螨。从防控大蜂螨的角度来看，在早春时定期割掉已封盖的雄蜂巢房，有利于蜂群的健康。早春时大蜂螨数量不多，但很多集中于封盖的雄蜂巢房内，割除封盖雄蜂巢房可清除大比例的大蜂螨，可以降低大蜂螨种群的增长速度。此外，可于4～5月或蜜粉源条件较好的秋季，在蜂群内放雄蜂子脾，待雄蜂子脾封盖后，取出子脾可冻死大蜂螨。也可结合雄蜂蛹的生产进行治螨。

二、小蜂螨

小蜂螨即亮热厉螨，也是蜜蜂的体外寄生螨。

1. 生物学特征

小蜂螨和大蜂螨一样，具有卵、若螨和成螨3种不同的虫态。根据人工培养观察的结果，小蜂螨的卵期极短，产下后经过15分钟即可变为前期若螨，前期若螨期为2～2.5天，后期若螨期为2天。因此，小蜂螨从卵到成虫，整个过程需4～4.5天。成螨的寿命长短与温度有密切的关系，最适生长温度为31～36℃。

小蜂螨的整个生活周期都寄生在蜂巢的子脾上，靠吸食蜜蜂幼虫或蛹的体液为生。雌螨潜入并在封盖的幼虫房内产卵繁殖，新成长的小蜂螨随羽化的幼蜂一起出房，再潜入其他幼虫房内寄生和繁殖。

雌螨呈卵圆形，背部为骨板覆盖，体长0.6～1毫米、宽0.4～0.5毫米，前端较窄，后端钝圆。体色为淡黄色，体背密布细小刚毛（图4-2）。雄螨呈卵圆形，淡黄色，长0.95毫米、宽0.56毫米，背面和雌螨一样。

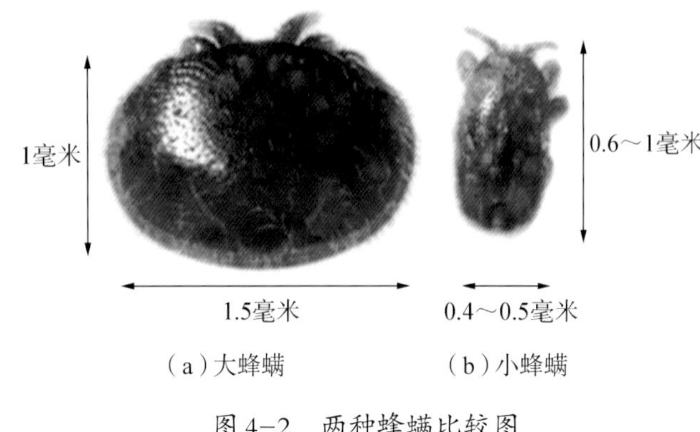

（a）大蜂螨　（b）小蜂螨

图4-2　两种蜂螨比较图

2. 症状与诊断

小蜂螨主要寄生在子脾上，很少寄生在蜂体上。因此，小蜂螨的危害特别严重，常常造成蜂群的群势衰弱，甚至全群覆灭。

3. 发生与传播

在我国南方诸省，小蜂螨可在蜂群内越冬，翌年2～3月即开始繁殖，5～6月达到繁殖高峰，至秋末冬初蜂王停止产卵，蜂群内没有幼虫和蛹时，其寄生率明显下降。

小蜂螨在蜂群间的传播主要是通过抽调蜂脾（尤其是子脾）实现的。

4. 防控方法

（1）生物防控。

与大蜂螨相似，小蜂螨较多在雄蜂房中产卵繁殖，可在雄蜂幼虫房封盖后，用刀将房盖割开，夹出雄蜂蛹，部分清除小蜂螨；也可以将雄蜂蛹脾完全切掉。

此外，小蜂螨在成年蜂上寄生的时间很短，主要寄生在封盖的幼虫房里。利用这一特性，蜂群断子期有助于小蜂螨的防控。主动创造一周内无适龄幼虫封盖的条件，结合药物防治能取得事半功倍的效果。

（2）药物防治。

目前对小蜂螨防治效果较好的药物是升华硫。升华硫为淡黄色粉末。使用时，先将子脾上的蜜蜂抖掉，用两层纱布包上升华硫，均匀地扑撒在封盖子脾上，扑撒时要使巢脾保持适当的倾斜度，以防止药粉掉进未封盖的幼虫房中造成幼虫中毒。要注意药量不能过多，每隔7～10天治1次，连治2～3次。

也可将升华硫与治大蜂螨的药物混合后，一起扑洒在子脾上，同时治大蜂螨和小蜂螨。但要注意用量一定要先经过摸索，以免伤蜂严重。因各蜂场蜂群健康状况差异很大，其他蜂场的用法与用量不一定适合自己蜂场。

三、白垩病

蜜蜂白垩病又名石灰蜂子，是感染蜜蜂幼虫的传染性真菌病，多发生于春季或初夏，特别是在阴雨潮湿的环境条件下容易发生。

1. 病原

蜜蜂白垩病的病原菌为蜜蜂子囊球菌。该菌的子实体呈球形，由许多子囊组成，每个子囊中含有8个子囊孢子，子囊孢子的大小约为1.8微米×3.0微米。子囊孢子的抗逆性非常强，它的感染力至少能保持15年之久。

2. 症状与诊断

患白垩病的蜜蜂幼虫是在巢房封盖后死亡的。4日龄幼虫对白垩病的易感性最高，幼虫染病后，虫体即开始肿胀并长出白色的绒毛，充满巢房，体形可呈巢房的六边形状，然后皱缩、变硬，房盖常常被工蜂咬开。病征为患病虫变为白色的块状。死虫体上长出的白毛是蜜蜂子囊球菌长出的气生菌丝，等到长出子实体后，病死幼虫的尸体便带有暗灰色或黑色点状物，有时整个虫尸都变为黑色，虫尸很容易从巢房中取出。白垩病严重时，在巢门前能找到块状的干虫尸。

3. 发生与传播

白垩病是通过被污染的幼虫饲料传染的。当蜜蜂幼虫吞进混在饲料中的蜜蜂子囊球菌孢子后，孢子在肠腔中发芽，并且在肠腔，特别是在后肠末端长出菌丝，菌丝穿过肠壁。等到幼虫出现病征时，蜜蜂子囊球菌的气生菌丝便出现在病虫体表。

4. 防控方法

白垩病的发生与蜂箱湿度有极大关系，潮湿多雨的春季发病严重，所以降低蜂箱内湿度是预防白垩病发生的首要措施。蜂群对该病的抗病性差异很大，使用抗病蜂种、淘汰易感蜂群也是一项重要措施。换箱换脾也是有效措施，首先将病群内所有的患病幼虫脾和发霉的蜜粉脾全部撤出，另换入清洁的空脾供蜂王产卵。换下来的巢脾经硫黄熏蒸消毒后使用，严重的病脾应考虑烧毁。

晴天时用0.5%的高锰酸钾对病群喷雾，喷至成年蜂体表雾湿状为止，给成年蜂体表消毒，每天1次，连续3天。

连续7天用山梨酸和丙酸钠掺入花粉中饲喂病群。采集期禁止用药，在采集期内发病的蜂群，若采用抗生素治疗，应立即退出采集。

四、孢子虫病

孢子虫病是目前世界上流行最广泛的蜜蜂成虫病之一，在我国发病率也较高。患病蜜蜂寿命缩短，采集力下降，可造成严重的经济损失。

1. 病原

蜜蜂孢子虫病曾经以蜜蜂微孢子虫为主，但目前已经被东方蜜蜂微孢子虫替代。孢子呈谷粒状，具有无结构的外壳。

2. 症状与诊断

微孢子虫主要感染成年蜂（包括蜂王），感染初期的病蜂没有明显的症状，到后期则会出现个体缩小、头尾发黑、下痢等症状，在蜂箱门前可见许多病蜂在地上爬行。会显著影响蜜蜂个体寿命、蜂群群势的发展和蜂群的采集力。由蜜蜂微孢子虫引起的孢子虫病症状较明显，但由东方蜜蜂微孢子虫引起的孢子虫病常无明显症状。

正常的工蜂中肠为淡褐色，有光泽，有明显的环纹和弹性。而患孢子虫病的病蜂中肠变成苍白色，没有光泽，环纹和弹性都已消失。在蜂场可以依据这一病征诊断孢子虫病。在实验室可将病蜂的中肠碎片置于载玻片上，加1滴无菌水，用镊子按压制成涂片，在显微镜下放大400倍观察，如有大量谷粒状的孢子，即能确诊。

3. 发生与传播

蜜蜂吞进的孢子虫孢子迅速地通过前胃进入中肠，它们进入中肠后，立即射出空心的极丝，通过极丝把营养体引入蜜蜂中肠的上皮细胞，在上皮细胞的细胞质中，营养体增大体积并且开始增殖，在6～10天后，受感染的上皮细胞内就充满了新的孢子，随后孢子和受染的细胞一起从肠壁上脱落下来。这些脱落到肠腔中的孢子又可能侵入新的健康细胞。1个感染严重的病蜂肠道中可含有3000万～6000万个孢子虫的孢子。孢子随着病蜂的排泄物排至体外，造成对巢脾、蜂箱以及水源的污染。当健康的青年工蜂进行清扫或采集工作时，就有可能吞进孢子而被感染。

冬末春初，蜂群开始活动，新陈代谢逐渐增强，蜜蜂后肠中的粪便迅速增加，而此时外界气温尚低，蜜蜂还不能大量外出活动，有时会在蜂巢内排泄，因此，这个季节孢子虫传播的机会最多。盗蜂可引起蜂群间孢子虫病的传播，采水工蜂也可能是孢子虫的传播者。

4. 防治方法

对孢子虫病的防治需采取预防为主的综合防治措施。

① 使蜂群贮有充足的优质越冬饲料和良好的越冬环境，不用甘露蜜越冬。

②早春时节，选择气温在10℃以上的晴朗天气，让蜂群做排泄飞行。

③ 及时更换老、劣蜂王。

④对病蜂群的蜂箱、蜂具和巢脾及时进行清洗和消毒，除前面介绍的消毒方法外，还可采用80%醋酸液熏蒸的方法。冰醋酸有很强的腐蚀性，使用时要注意安全。

⑤制备酸饲料。每千克浓糖浆中加入0.5～1克柠檬酸或3～4毫升醋酸。

五、美洲幼虫腐臭病

美洲幼虫腐臭病是蜜蜂的一种严重传染病，因其最先在美洲大陆的西方蜜蜂中发现而得名。患病蜂群的幼虫（包括工蜂和雄蜂的幼虫）在化蛹期大量死亡，造成蜂群衰弱以至覆没。

1. 病原

美洲幼虫腐臭病的病原是幼虫芽孢杆菌。这是一种长2～5微米、宽0.5～0.8微米，两端截平的杆菌。革兰氏染色阳性，周生鞭毛，能运动。涂片观察，在显微镜视野中可见菌体呈长链状排列。能生成芽孢，芽孢呈椭圆形。在虫尸涂片中，往往只能看到芽孢。

2. 症状与诊断

幼虫芽孢杆菌的芽孢感染蜜蜂幼虫后，即长成菌体大量繁殖，蜜蜂幼虫在化蛹后死亡，大部分受感染幼虫死于预蛹期，有的也死于蛹期。死亡幼虫的头部朝向房盖，虫体顺着背部下塌，开始变成棕色，病死幼虫的表皮变得很薄，容易撕破。幼虫组织腐烂，变成黏稠、深褐色能拉丝的物质。此时若揭开房盖，用火柴杆插入虫体，再拉出来，可拉出1根长10～15厘米、褐色、胶体状有鱼腥臭味的细丝。病死幼虫的尸体大约1个月后干枯成一片难以剥落的痂皮，贴在房壁上，以致工蜂无法清除。

可靠的诊断需要将症状的观察和实验室检验结合起来。实验室检验包括病理材料涂片的显微镜观察，幼虫芽孢杆菌的分离培养等常规细菌学工作，还可以用预先制备的幼虫芽孢杆菌特异性抗血清进行各种血清学诊断，包括用荧光抗体方法鉴定或特异噬菌体方法鉴定。目前更常用的方法是通过分子生物学的方法进行鉴定。

3. 发生与传播

美洲幼虫腐臭病的暴发没有季节性，只要蜂群中有幼虫存在，都有可能发病。幼虫芽孢杆菌的芽孢可能由巢内的哺育工蜂传染给幼虫，正在孵化的幼虫也可能由于巢房内原先存在的芽孢感染发病。蜂群之间的传播是由盗蜂或迷巢蜂引起的。蜡螟和大、小蜂螨等在传播美洲幼虫腐臭病方面起着很大作用。

在蜂场工作中，不注意卫生防疫工作，随意将病蜂和病脾调给健康蜂群，饲喂被病原菌污染的蜂蜜，使用污染的蜂具等，都会使美洲幼虫腐臭病得以蔓延。

在蜜源流蜜盛期，患美洲幼虫腐臭病的蜂群可能得到康复，这是由于大量的花蜜稀释了幼虫芽孢杆菌芽孢的浓度，从而使易感的幼龄幼虫通过食物感染芽孢的机会减少了。此外，充足的花粉也能增强幼龄幼虫的抗病能力。

4. 防控方法

美洲幼虫腐臭病是一种烈性传染病，传播迅速，危害严重，一旦发现患美洲幼虫腐臭病的蜂群，应立即烧毁，以杜绝其传染。采取换箱换脾、彻底消毒蜂箱蜂具并结合饲喂药物的措施，对病情较轻的蜂群也可治愈。

换箱换脾：把患病蜂群从原来的位置搬开，在原地放置1个经过严格消毒的蜂箱，箱内放适当数量消毒过的空脾或巢础框，巢门前平铺干净纸张，再把病蜂逐脾提出抖在纸上，蜂爬进箱内。换出病群蜂箱和巢脾另做消毒处理。

药物治疗：换过蜂箱的蜂群饲喂四环素（每框蜂约用12.5毫克）。将药物溶于少量糖浆后，调入花粉中（花粉量以2日内被蜜蜂食尽为宜），至不粘手为止。通过含药花粉饲喂蜂群，效果好，不易对蜂蜜造成污染。每7天喂药1次，2次为1个疗程。视蜂群病情，酌情进行下个疗程。

六、欧洲幼虫腐臭病

欧洲幼虫腐臭病是蜜蜂幼虫一种恶性传染病，会造成4～5日龄幼虫大量死亡。这种病早先只在西方蜜蜂中流行，现在东方蜜蜂中也广泛流行。

1. 病原

欧洲幼虫腐臭病是由蜂房链球菌引起的。这是一种披针形的球菌，涂片观察时，大多呈单个存在，同时也有成双、链状或花状排列的；革兰氏染色阳性，但染色特性不稳定，有时可染为革兰氏阴性；无运动性，不形成芽孢，但有时可形成荚膜。

2. 症状与诊断

发病初期，染病的幼虫由于得不到足够的食物，很快死亡，虫体变松软并腐烂，呈褐色，放出酸臭的气味，但有的可能只有少许臭味或没有臭味。

患病幼虫在腐败之前，在解剖镜下可以很容易地用镊子沿着虫体的中线把表皮分开剥去，中肠的内容物留在围食膜中，里面充满灰白色的细菌凝块，健康幼虫的中肠肠壁和其内容物是不容易分离的，而且呈金褐色。检查蜂群时，可发现“插花子脾”。欧洲幼虫腐臭病严重的蜂群，幼虫的腐烂物也像死于美洲幼虫腐臭病的幼虫那样“拉丝”，但“拉丝”较短、粗且易断。

除了对症状的观察分析，最简单的诊断方法是做涂片镜检：将病死幼虫的尸骸或死虫体液置于干净的载玻片上，加1滴无菌水后用玻璃棒研磨出混悬液，再加入1滴10%苯胺黑染色液后混匀，以另一载玻片的边缘扒抹成薄涂片，干燥后，用油镜头观察，只要能看见到呈披针形成群分布的蜂房链球菌，就可确诊为欧洲幼虫腐烂病。

3. 发生与传播

当蜜蜂幼虫吞下被蜂房链球菌污染的蜂蜜和蜂粮后，蜂房链球菌即在蜜蜂中肠内繁殖，部分患病幼虫可以继续存活并且化蛹。蜂房链球菌随着幼虫的粪便排泄出来并残存在巢房里，成为新的传染源。蜜蜂幼虫在未封盖的任何时候对蜂房链球菌的感染都是敏感的，但日龄越大易感性越弱。

春季，遇到恶劣的气候，蜂群的增长会因蜜源突然中段而受到障碍，蜂子少，群内哺育蜂的数量相对多，提供给幼虫和幼虫体内细菌的营养物质过剩，这样蜂群感染的蜂房链球菌会相对快速地繁殖。主要蜜源流蜜期开始时，孵化的幼虫突然增加，染上蜂房链球菌的幼虫随之失去充足的营养来源，此时群内的幼龄蜂有可能提前投入采集工作，导致染病死亡的幼虫得不到及时的清除，从而促成疾病的暴发。强群对欧洲幼虫腐臭病的抵抗力较强。

4. 防控方法

当发病的范围很小、某些蜂群发病严重时，烧毁那些严重发病的蜂群，是控制传播的最佳办法。

（1）换掉病群蜂王。

蜂群发病初期，用新交尾成功的蜂王将老蜂王换掉，有良好的效果。年轻的蜂王产卵快，促使清扫工蜂更加积极地清除病虫，蜂群能迅速恢复。

（2）药物治疗。

常用土霉素（12.5毫克/框蜂）或四环素（10毫克/框蜂），配制含药花粉饼。配制方法：

将上述药剂及药量拌入适量花粉(以2天内取食完的量为宜),用饱和糖浆或蜂蜜揉至面粉团壮,不粘手即可。重病群可连续饲喂3次,轻病群7天饲喂1次,注意采集前45～60天停药。在采集期内发病的蜂群,若采用抗生素治疗,应立即退出采集。

七、囊状幼虫病

囊状幼虫病是由囊状幼虫病毒引起的病毒病,中蜂易感,意蜂抗病力强。它的主要症状是蜂群的封盖幼虫不能化蛹并大量死亡,从而使蜂群群势急剧下降。20世纪70年代,我国中蜂暴发囊状幼虫病,曾毁灭了数十万群蜂,使我国南方诸省的中蜂生产蒙受重大损失。

1. 病原

囊状幼虫病毒粒子直径约为30纳米,空间构型为24面体,无囊膜。

2. 症状与诊断

囊状幼虫病的典型症状是幼虫封盖后3～4天仍然不能化蛹,虫体伸直,头部朝向巢房盖。患病幼虫体表完整,表皮内充满乳状液体,此时若用镊子小心地将病虫夹起,整个虫体像充满液体的小囊,故取名为"囊状幼虫病"。患病幼虫的体色由正常的珍珠白色变为淡黄色,再逐渐变为暗褐色。囊状幼虫病的特征是病虫的头胸部首先变黑。病死的幼虫不腐烂,没有臭味,逐渐干枯呈龙船状的鳞片,容易被工蜂清除。

3. 发生与传播

囊状幼虫病毒随着饲料进入未封盖幼虫体内后大量增殖,幼虫在封盖后死亡。实验证明,2～3日龄的蜜蜂幼虫最容易感染。

西方蜜蜂对囊状幼虫病的抗性较强,所以发病轻微,一般都能自愈。但中蜂对此病的抗御能力很差,蜂群染病后常整群死亡。

囊状幼虫病之所以连年发生,是因为囊状幼虫病毒能在成年工蜂体内增殖而不引起明显的症状,工蜂在搬运病死幼虫的过程中,吞下如蜕皮液等破损病虫体的内容物,当这些工蜂哺育幼虫时,便有可能传播囊状幼虫病。

被囊状幼虫病毒污染的饲料(蜂蜜和花粉)是重要的传染源。蜂场人员随意调换蜂群的巢脾以及迷巢蜂、盗蜂等都会造成蜂群间疾病的传播。

囊状幼虫病在每年的春末、夏初和秋末冬初发生较为严重。我国南方多流行于4～5月,北方多流行于5～6月。

4. 防控方法

以抗病选种为主，加强饲养管理；蜂群发病后，关王断子很关键，一般关王时间1～2周，也可换用新王，借换王之机，为蜂群带来断子的机会；割弃并烧毁病子脾；严禁使用盐酸金刚烷胺等禁用药。病毒病用抗生素治疗无效，要避免滥用抗生素。以下中草药有一定疗效，可结合饲养管理措施进行防治。

①虎杖30克，金银花30克，甘草12克。

②穿心莲60克。

③华千金藤（又名海南金不换），10框蜂用10克。

④半枝莲（又名狭叶韩信草），10框蜂用50克。

⑤七叶一枝花0.3克，五加皮0.5克，甘草0.2克。

以上5个药方任选，经煎煮、过滤，配成1∶1白糖水饲喂，连续或隔日喂，4～5次为1个疗程。

第三节 蜜蜂敌害的防控

蜜蜂的敌害主要指的是那些直接捕食蜜蜂或骚扰蜂群的动物，常见的有昆虫类、两栖类、鸟类和兽类等。它们有的直接捕食蜜蜂，有的是骚扰蜂群正常活动，影响蜂群的繁殖和生产，有的是破坏蜂巢或夺食蜂粮。

一、蜡螟（巢虫）

常见危害蜂群的有大蜡螟和小蜡螟。蜡螟的幼虫又称巢虫、隧道虫，危害巢脾，破坏蜂巢，穿蛀隧道，伤害蜜蜂的幼虫及蜂蛹，造成“白头蛹”（图4-3）。蜡螟主要危害中蜂，轻者影响蜂群的繁殖，重者造成大量死蛹，蜂群飞逃。大蜡螟分布于全世界，小蜡螟分布于亚洲和非洲大陆。

图4-3 受巢虫严重危害引起“白头蛹”的中蜂工蜂子脾（郑火青 摄）

1. 生物学特性

当平均气温超过13℃时，蜡螟幼虫开始活动，气温下降到8℃，箱温下降到9℃以下，幼虫开始越冬，结束危害。大蜡螟1年发生3代，完成1个世代需60～80天，各虫期的长短随季节变化有很大差异。卵期8～23天，幼虫期27～48天，蛹期9～23天，成虫期9～44天。小蜡螟1年发生3代，卵期4天，幼虫期42～69天，蛹期7～29天，成虫期4～31天，雌虫较雄虫期长1～2倍。

蜡螟一般出现在3～4月，白天潜伏不活动，晚上活动，雌虫与雄虫在夜间交尾，然后潜入蜂箱中产卵，卵产于蜂箱的缝隙处或箱底蜡屑处。1头大蜡螟雌成虫每昼夜可产卵100～900粒，最多达1800粒。初孵化出的小幼虫体长不足1毫米，但行动灵活，爬行迅速，刚孵化的幼虫在蜂箱底靠吃蜡屑生活，随后趁机钻进巢脾。

幼虫上脾后，潜伏在巢房的底部咬食巢脾蛀成隧道状，引起成年蜂打开封盖巢房的蜡盖，造成蜜蜂“白头蛹”，当幼虫在巢脾中发育到5～6日龄时，食量增大，对巢脾的破坏力变大，此时，工蜂才感觉到它们的威胁，开始清除“白头蛹”，并啃咬有巢虫的巢脾，将巢虫拉出。如果蜂群弱，巢虫数量大，工蜂无法抵抗，蜂群会弃巢飞逃，另筑新巢。原蜂巢会被巢虫吃得一干二净，幼虫吐丝作茧化蛹，羽化为成虫后，蜡螟雌雄交尾后再产卵，危害其他巢脾，如此不断循环。

2. 防控方法

巢虫主要危害中蜂，是中蜂的主要病敌害之一。因此，在中蜂的饲养管理过程中，应特别重视巢虫防控。应根据不同的饲养方式和蜜蜂的生物学特性及蜡螟的生活史等特点采取不同的措施，更要贯彻“预防为主、防重于治”的原则。防控巢虫应从清理蜡螟隐匿处、阻止其入侵途径、消除其生存条件、斩断其上脾通道、清除蜡螟卵虫等方面入手，结合饲养强群、加强蜂群管理、改善蜂群生活条件等措施进行预防，并配合换箱、换脾，以达到综合防控的目的。综合各项措施，巢虫的防控完全可以做到不用药。具体措施如下。

（1）坚持饲养强群。

强群不仅生产上表现突出，而且在防病抗敌等方面更胜一筹，所以饲养强群，提高蜂群自身的抵抗力是防控巢虫的根本措施。饲养强群，不但巢虫危害较轻，而且恢复发展较快。在日常管理中要保持蜂多于脾，合并弱小群，抽出多余巢脾等。

（2）及时淘汰旧脾。

根据中蜂喜新厌旧、爱咬巢脾、蜂群冬季没有卵虫的特性和巢虫喜欢在深色巢脾上取食的偏爱，抓紧在春、秋两大流蜜期，蜂群造脾力强时造新脾，淘汰虫害脾和老旧脾，消灭越冬虫源。尽可能在开春季节逐步淘汰疑似潜入巢虫的旧巢脾、侵染脾。

（3）及时清理蜂箱底部蜡屑。

春季在蜡螟羽化前，将所有蜂箱彻底检查，清扫干净。日常管理时，也要及时清理箱底的蜡屑，去除蜡螟卵和小幼虫，避免巢虫上脾，同时也减少蜡螟产卵的机会。

（4）及时填补蜂箱缝隙或更换蜂箱。

蜂箱是蜜蜂生活繁衍的空间，蜂箱一定要严密、防虫蛀。严密、防虫蛀的良好蜂箱能有效防止蜡螟从蜂箱缝隙、通气窗等处侵入，可以大大减少巢虫的入侵概率。蜂箱内壁一定要进行抗蛀、涂漆、平整无缝隙处理，通气窗外边加钉铁纱等，使蜡螟无隙可乘、无法生存，减少蜡螟伺机入侵的机会。

（5）合理保存旧脾。

巢脾撤出后不要随意丢弃，要及时化蜡，或用硫黄熏蒸，每个继箱3～5克硫黄，密闭熏治24小时以上。将巢脾贮放在−7℃下5～10小时，可杀死各虫期蜡螟。在北方地区，冬季将巢脾放置在室外，可取得杀死巢脾上巢虫的理想效果。在日常蜂群管理工作中发现无蜜蜂守护的巢脾应及时处理，否则容易引发巢虫滋生。

（6）利用趋光性诱杀飞蛾或避免飞蛾进入蜂箱。

在放置蜂机具的房间里，开灯或用电筒照在墙上，吸引飞蛾，或在蜂场偏僻处用灭蚊虫灯吸引飞蛾，而后扑杀。避免将蜂箱放在夜晚有光线的地方，减少飞蛾进入蜂箱产卵。此外，晚上尽量不要开蜂箱。

（7）巢门口不宜过大。

蜡螟多通过巢门进入蜂箱。蜂箱巢门如果过大，守卫蜂不能有效守卫，蜡螟就能轻松进入箱内产卵。特别是蜂群群势较弱的情况下，巢门口一定要及时缩小。如果需要通风，可在蜂箱后部或侧面开1扇小窗，并用铁纱网盖住。

（8）其他方法。

①利用蜡碗引诱飞蛾产卵：在蜂箱附近，放置1个盛有蜡屑的碗，供飞蛾产卵，定期将碗里的蜡屑化蜡。

②箱底铺压扁的纸筒，引诱巢虫藏匿。小巢虫上脾后，中蜂会驱逐小巢虫，小巢虫掉落到蜂箱底，会寻找新的藏匿地点，如果没有新的藏匿地点，又会寻找机会上脾。用长30厘米、宽2厘米的旧报纸，卷成3厘米直径的纸筒，然后压扁放在箱底；巢虫跌落到箱底时，会爬进纸筒或纸筒和箱底的缝隙，每隔2～3天检查1次，将收集到的巢虫压死。

二、胡蜂

胡蜂种类繁多，全世界约有1.5万种，已知的就有5000种以上，从独居到不同程度的社会性群居都有分布。常见危害蜜蜂的有金环胡蜂、墨胸胡蜂、黑盾胡蜂、基胡蜂、黄腰胡蜂、黑尾胡蜂和小金箍胡蜂等。胡蜂每年从8月开始频繁活动，9～10月大量出现，一直到11

月仍有少量胡蜂骚扰。因此，秋繁阶段捕杀胡蜂在许多地区（尤其是山区）已是蜂群饲养管理中的重要任务。

1. 生物学特性

对养蜂生产有影响的几种胡蜂都是营群体生活的社会性昆虫。每年秋末，交尾受精后的雌蜂藏匿于树洞、岩缝等避风雨、向阳的温暖场所越冬，其中的强壮者熬过漫漫严冬。翌年春季待气温回暖，雌蜂便开始觅址营巢产卵。胡蜂采用独特的单母建群方式。它从1个生殖雌蜂开始发展，生殖蜂亲自参与建巢、产卵和哺育工作。待第1批幼虫羽化为成虫后，第3天即开始外勤活动，它们便承担起取材、筑巢、捕食、哺育和护巢的全部任务，而母亲则专司产卵，成为真正的蜂王。至此，蜂群方才有了社会分工。

成年胡蜂喜欢甜性食物，尤其喜食蜜源性食物，如瓜果、花蜜、含糖的汁液等。此外，成年胡蜂捕食昆虫后，经过咀嚼成肉泥并混以蜜囊中的蜜汁，用以喂养幼虫。

胡蜂对东方蜜蜂和西方蜜蜂都会产生危害。中蜂与胡蜂经过长时间的协同进化，对胡蜂抗性较强。中蜂灵活、飞行速度快，能躲避胡蜂捕杀，而且敢于群起攻击来犯的胡蜂。在胡蜂数量多时，中蜂也难免不敌，会弃巢飞逃，导致蜂场损失惨重。

采集蜂飞出的数量随胡蜂干扰的时间增加而明显下降。胡蜂来袭时，蜂群处于警戒状态，很少有蜜蜂外出采集，导致群内食物短缺，影响繁殖和生产。

2. 防控方法

①拍打法。使用木板、羽毛球拍等物品拍打蜂场附近飞行的胡蜂。胡蜂飞行迅速，但在蜂箱门口等候机会捕食蜜蜂时会悬停空中，容易击中。该方法实用性强，但费时费力，需要长时间守候。需要注意的是，一般拍打不足以致胡蜂死亡，有的只会导致一些轻微伤，需要马上跟进踩死。在胡蜂出现的高峰期守候拍打，一般1周后可见胡蜂数量明显减少。

②捕虫网捕杀法。使用捕虫网先将胡蜂罩住，然后可以选择直接杀死胡蜂或将其抓住用于其他用途（入药、泡酒等）。此法是防除胡蜂比较有效的方法，但同样费时费力。

③糖水诱杀法。发酵后的糖水散发的气味对胡蜂有吸引作用。在塑料矿泉水瓶中装入约为瓶体容量1/3的蔗糖水（约1∶1配比），悬挂于蜂场附近的树杈上，每隔5～6个蜂箱摆放1个。待糖水发酵后，附近飞翔的胡蜂会钻进瓶口，但胡蜂易进难出，掉进糖水内即被淹死。该方法不会引起盗蜂，因而无须担心其对蜂群的影响，省时省力，诱杀效果也很好，但要注意，需经常清理瓶内的尸体或更换新的糖水。

④使用腐败肉诱捕。胡蜂是杂食昆虫，喜好肉类，特别是已经散发出臭味的肉类。可在蜂箱上用竹签固定一块猪肉或猪内脏（图4-4），吸引胡蜂争相取食，取食时的胡蜂可用夹子轻易夹起。

⑤涂药毁巢法。同样利用捕虫网捕捉到健康的胡蜂后，在其胸部或腰部涂抹农药或掺入农药的一小滴毒蜜，在黄昏时放其归巢。这一方法使用成功将导致胡蜂全群被歼灭。但此法有引起食物中毒事件的可能性，例如某群胡蜂已部分中毒但尚未灭亡时被其他人猎捕到，消费者在食用该群胡蜂的蜂蛹后就可能出现食物中毒。因此，要谨慎使用涂药毁巢法。

图 4-4　用发臭的猪肉或内脏诱捕胡蜂（郑火青 摄）

⑥消灭早春至初夏的胡蜂。因胡蜂从早春单母建群开始，逐渐营社会性生活。早春出巢采集的胡蜂很可能就是蜂王，消灭1头胡蜂就相当于在夏秋季的1窝胡蜂。而在4～6月胡蜂群势还未变大时，消灭出巢采集的胡蜂也会对群势的发展起到很大的抑制作用，可以起到事半功倍的效果。

需要注意的是，胡蜂攻击性强，毒液含量高，使用以上任何方法与胡蜂进行斗争时都要时刻注意安全。例如抓捕胡蜂时要戴上手套，用脚踩胡蜂时不能穿着裸露脚趾的拖鞋或凉鞋。

蜜蜂毒液呈酸性，胡蜂毒液呈弱碱性，被胡蜂蜇后应立即涂抹一些食醋与蜂毒的碱性成分中和以减弱毒性，同时在伤口处进行冰敷，以减轻疼痛和肿胀。如发现蜂毒有蔓延的趋势，应服用抗过敏药物。若有呼吸困难、呼吸声音变粗、带有喘息声音或全身浮肿等严重过敏症状，应立即送往附近的医院急救。

三、其他敌害

其他昆虫类敌害有蚂蚁、食虫虻、天蛾及蟑螂等；两栖类敌害有蟾蜍；鸟类敌害有蜂虎、蜂鹰、啄木鸟及山雀等；兽类敌害主要有青鼬、老鼠、熊和刺猬等，它们不但偷吃蜂蜜，骚扰蜂群，而且还经常将蜂箱推倒，毁害蜂群。这些敌害主要依靠蜂场日常管理进行防控，也可适当辅以药物防治。

第五章　蜜源植物与蜜蜂授粉

第一节　浙江省蜜源植物的种类与分布

蜜源植物是蜜蜂赖以生存和繁衍的物质基础，是发展养蜂生产的前提条件。蜜源植物根据是否为蜜蜂提供花蜜或花粉，可以划分为蜜源植物、粉源植物或蜜粉源植物，为便于交流统称为蜜源植物。根据蜜源植物泌蜜量，分为主要蜜源植物和辅助蜜源植物。在生产实践中，根据蜂产品的生产量，分为大宗蜜源植物和零星蜜源植物。此外，根据蜜源植物不同，可分为野生蜜源植物和人工栽培蜜源植物。

浙江地处亚热带中部，属季风性湿润气候，气温适中，四季分明，光照充足，雨量丰沛，素来有“七山一水二分田”的美誉。浙江省自然条件优越，蜜源植物资源丰富。据统计，全省蜜源植物的种类有240多种（包含76科，163属）。主要蜜源植物有油菜、柑橘和茶树，辅助蜜源种类繁多，花期接连不断。随着城市绿化、美丽乡村建设，蜜源资源不断增加，亦为发展养蜂生产提供了良好的饲养条件。

一、浙江省主要蜜源植物的种类与分布

主要蜜源植物是指数量多、面积大、花期长、泌蜜量大的植物，也指在养蜂生产中能采到大量商品蜜或粉的植物。浙江省主要蜜源植物有油菜、柑橘和茶树。

1. 油菜 *Brassica rapa* var. *oleifera* de Candolle

油菜，十字花科芸薹属（图5-1）。1～2年生草本；总状花序顶生或腋生；萼片黄绿色至黄色；花瓣鲜黄色，倒卵形至长圆形；长角果圆柱形；种子圆形，红褐色或黑褐色。

图5-1　油菜（苏晓玲 摄）

油菜花期因品种、气温、栽培条件等不同而有差异，白菜型开花最早，芥菜型次之，甘蓝型最晚。白菜型油菜于2月中下旬开花，流蜜期为3月初至3月中旬；芥菜型和甘蓝型油菜于3月

中旬开始开花，流蜜期为3月中旬至4月中旬，流蜜量比白菜型油菜大。油菜为无限花序，边生长边开花，开花持续时间为单花2～3天，整株15～20天，群体花期30～40天。流蜜情况受低温、阴雨或霜冻等天气影响大，通常气温在12℃以上时开花，泌蜜适宜温度18～25℃，适宜湿度70%～80%。

油菜是浙江省大宗栽培油料作物，是春季重要的蜜源植物，正常年份意蜂每群可产蜜5～25千克。油菜开花早，蜜多粉足，有利于春季生产和养成强群。衢州、杭州、金华、绍兴和嘉兴等地面积较大。浙江省规模种植的油菜面积不断减少，种植总面积呈逐年减少趋势，对浙江省蜂群春季生产极为不利。

2. 柑橘属 *Citrus* Linn.

柑橘，橘、柑、橙、金柑、柚、枳等芸香科柑橘属的总称（图5-2）。柑橘为常绿灌木或小乔木，通常具刺；单生复叶，叶片革质；花单生或数朵簇生叶腋，或少数花排列成总状花序；花两性，白色，有芳香。

图5-2　柑橘（苏晓玲 摄）

不同品种的柑橘开花时间有差异，始花期为4月下旬，流蜜期为5月，盛花期10～15天。初开花呈杯状，花蜜分泌多，而后花冠张开，花瓣呈辐射状，流蜜减少，花瓣反曲时，流蜜停止，花开数天。气温在17℃以上时开花，20℃以上时开花速度加快，泌蜜适宜温度22～25℃，相对湿度在70%以上时泌蜜多，5～10年树龄的柑橘树泌蜜量较大。如果花期前雨量充足，花期无雨，则流蜜丰富。柑橘中有的品种如金橘、四季橘等，一年四季都有开花。

柑橘蜜粉丰富，正常年景每群意蜂可采蜜10～20千克。柑橘开花有大小年，大年可以采蜜，小年仅能繁殖蜂群。浙江省柑橘花期常遇雨季，产蜜量不稳定。此外，柑橘蜜的产量随柑橘种植面积的逐年减少而下降。浙江省主要分布在台州（临海和黄岩）、衢州、宁波、丽水、金华、杭州和温州等地。

3. 茶树 *Camellia sinensisi*（Linn.）O. Ktze.

茶树，山茶科山茶属（图5-3）。灌木；叶片薄革质，通常椭圆形至长椭圆形，边缘有锯齿；花1～3朵腋生或顶生，白色，有芳香；蒴果近球形或三角状球形，内具中轴及1～3粒扁球形的种子。

图5-3　茶树（江丽 摄）

初花期在9月下旬至10月上旬，盛花期在10月中旬至11月中旬，末花期在11月下旬至12月上旬。茶树开花期因品种及生长的地理位置不同而有差异，小叶品种开花早，大叶品种开花迟；老年树开花早，流蜜量较多。流蜜适宜温度18～20℃。

茶花的花粉丰富，一般年份，每框蜂可采花粉0.5～1千克。浙江省蜂农从外省大转地放蜂回来，正好利用茶花期培育一批适龄越冬蜂，贮存花粉脾，为来年养蜂生产打下有利基础。浙江省茶园主要分布在嵊州市、杭州市、诸暨市、武义县、松阳县、遂昌县、柯桥区、富阳区、新昌县、余姚市、淳安县和安吉县等。茶花蜜中含有较高的寡糖（棉籽糖和水苏糖）所结合的半乳糖，幼虫不能消化吸收，会造成大幼虫或已封盖的幼虫中毒死亡，这种现象在干旱时更为严重。

二、浙江省重要的辅助蜜源植物与分布

辅助蜜源植物是指具有一定数量，能够分泌花蜜、产生花粉，能被蜜蜂采集利用，提供蜜蜂本身维持生活和繁殖之用的植物。辅助蜜源植物在浙江省种类很多，下面仅简要介绍一些重要的辅助蜜源植物。

图5-4　蚕豆（苏晓玲 摄）

1. 蚕豆 *Vicia faba* Linn.

蚕豆，豆科野豌豆属，别名罗汉豆、胡豆、佛豆（图5-4）。1年生草本，偶数羽状复叶互生；花生于叶腋，花萼钟状，花冠白色带紫斑纹。蚕豆花期在2月下旬至4月下旬，花期长达50～60天。蚕豆开花早、花粉多，营养丰富，对加快蜂群繁殖、促进蜂王产卵和培育适龄采集蜂有重要作用。浙江省各地都有种植。

2. 桃 *Amygdalus persica* Linn.

桃，蔷薇科桃属（图5-5，图5-6）。落叶乔木；树冠宽广平展；树皮暗红褐色，老时粗糙呈鳞片状；叶缘具细锯齿或粗锯齿；花单生，先叶开放；花梗短或近无梗；花瓣粉红

图5-5　桃树(苏晓玲 摄)

图5-6　桃花(苏晓玲 摄)

色。桃花有粉无蜜，花期在3～4月。浙江省桃树种植主要分布在奉化、莲都、嵊州、缙云、富阳、嘉善、长兴和金华等地。

3. 李 *Pruns salicina* Lindl.

李，蔷薇科李属(图5-7，图5-8)。落叶乔木；树皮灰褐色，起伏不平；小枝黄红色，老枝紫褐色或红褐色；花通常3朵并生，萼筒钟状，花瓣白色。花期在3～4月，蜜少粉多。浙江省均有栽培，主要分布在金华、绍兴、杭州和丽水等地。

图5-7　李树(苏晓玲 摄)

图5-8　李花(苏晓玲 摄)

4. 紫云英 *Astragalus sinicus* Linn.

紫云英，豆科黄芪属，别名红花草、燕儿草(图5-9)。1～2年生草本；单数羽状复叶，小叶5～13枚；伞形花序，腋生或顶生，花冠粉红色或蓝紫色，偶见白色。开花期在4月中上旬至5月中上旬，花期长约30天。泌蜜适温22～26℃。晴天时泌蜜增多，干旱、低温、阴雨等不良天气会使紫云英泌蜜减少或不泌蜜。紫云英泌蜜丰富，蜜质优良，集中产区通常

图5-9　紫云英（苏晓玲 摄）

每群蜂可采蜜10～20千克；花粉为橘红色，量大，营养丰富。浙江省紫云英种植面积少，主要分布在宁波、绍兴、金华、温州和台州等地。

5. 野豌豆属 *Vicia* Linn.

豆科野豌豆属植物。苕子是野豌豆属中栽培或野生作为绿肥或饲料的许多种类的统称（图5-10）。1～2年生或多年生草本；茎通常攀缘；偶数羽状复叶互生；叶轴顶端小叶退化成卷须或小刺毛；花冠白色、蓝色、紫色或紫红色；荚果侧扁，稀圆柱形。我国约有40种，浙江有8种。花期在4月中旬至5月下旬，整体花期长达25～30天。气温达20℃时开始泌蜜，泌蜜适宜温度24～28℃。光叶苕子花冠浅，泌蜜较多，毛叶苕子花冠较深，泌蜜量较少。浙江省苕子种植面积小，呈零星分布。

图5-10　苕子（苏晓玲 摄）

6. 悬钩子属 *Rubus* Linn.

图5-11　山莓（苏晓玲 摄）

悬钩子属，蔷薇科。浙江省有33种，10变种，常见的悬钩子属植物有山莓（图5-11）、掌叶覆盆子、蓬蘽（图5-12）、覆盆子（图5-13）、茅莓等。花期在3～8月，因品种和分布地区及气候条件等不同而异，其中山莓花期在3月，蓬蘽、掌叶覆盆子等花期在3～4月，空心泡、插田泡、茅莓等花期在4～5月。木莓等花期在5～6月，高粱泡、寒莓花期在7～8月。悬钩子属植物蜜粉丰富。浙江省各地均有分布，多分布在浙西南等山区或半山区。

图5-12　蓬蘽（苏晓玲 摄）

图5-13　覆盆子（倪伟成 摄）

7. 冬青属 *Ilex* Linn.

冬青属植物，冬青科之下的唯一属。乔木或灌木，多为常绿树种；单叶互生，树冠优美，花小，浆果状核果大多数近球形，常红色发亮。花期在4～5月，

图5-14　冬青（苏晓玲 摄）

图5-15　枸骨（苏晓玲 摄）

图5-16　大叶冬青（苏晓玲 摄）

蜜粉丰富，蜜蜂采集积极。浙江省常见的冬青属植物有冬青（*Ilex purpurea* Hassk.）、构骨（*Ilex cornuta* Lindl.）和大叶冬青（*Ilex latifolia* Thunb.）等，浙江省各地均有分布。

8. 车轴草属 *Trifolium* Linn.

车轴草属，豆科，又名三叶草（图5-17）。1～2年生或多年生草本；茎直立，斜升、平卧或匍匐；掌状三出复叶，稀5～7枚小叶；头状、穗状或短总状花序腋生，花多数，密集；花冠白色、黄色、红色或淡紫色。浙江栽培有2种（白车轴草和红车轴草）。花期在4～6月，蜜粉丰富。浙江省各地均有分布。

图5-17　白三叶（苏晓玲 摄）

9. 大豆 *Glycine max* (Linn.) Merr.

大豆，豆科大豆属，别名黄豆（图5-18）。1年生草本，小叶3枚，菱状卵形；总状花序腋

图5-18　大豆（苏晓玲 摄）

生，花萼钟状，花冠白色或淡紫色。有早、中、晚熟品种，4月中旬至8月中旬开花，花期长15～30天。大豆花粉多，呈淡黄色，花粉蛋白质含量较高，营养丰富，是繁殖蜂群的优质花粉。浙江省各地普遍栽种。

10. 板栗 *Castanea mollissima* Blume

板栗，壳斗科栗属（图5-19）。落叶乔木；单叶互生，叶长椭圆形；雌雄同株，单性花，雄花序穗状，直立，雌花着生于雄花序基部，花呈浅黄绿色。花期在5月中旬至6月上旬，泌蜜粉期为20天左右。泌蜜多寡与外界条件有关，可形成单花蜜。板栗蜜呈深琥珀色，甜中带苦，口感独特，板栗花粉丰富，黄酮含量高，对蜂群繁殖十分有利。浙江省广泛栽培，其中桐庐、建德、淳安、上虞、诸暨和长兴等地是主要产区。

图5-19　板栗（苏晓玲 摄）

11. 益母草 *Leonurus japonicus* Houttuyn

益母草，唇形科益母草属（图5-20）。1～2年生草本；叶对生；轮伞花序，下有刺状苞片；花萼筒状钟形；花冠粉红色至紫红色。花期在5～7月，蜜粉丰富。浙江省各地均有分布，生于原野路旁、山坡林缘、草地及溪边，以阳处为多。

图5-20　益母草（苏晓玲 摄）

12. 无患子 *Sapindus saponaria* Linnaeus

无患子，无患子科无患子属，又名肥皂树、油皂子、苦患树、洗手果等（图5-21，图5-22）。乔木；一回羽状复叶，互生或近对生；圆锥花序顶生；花小，绿白色或黄白色；果近球形，黄色，干时变黑。花期在5月中、下旬至6月中旬，花期长15天。浙江各地均有分布。近年来，随着城市绿化、苗木产业发展等，无患子树种植数量增加，现已成为浙江省稳定的蜜粉源植物。

图5-21　无患子花（苏晓玲 摄）

图5-22　无患子树（苏晓玲 摄）

13. 女贞 *Ligustrum lucidum* Ait.

女贞，木犀科女贞属，又名冬青子、水腊树子（图5-23）。江浙一带常把冬青和女贞混淆。女贞为常绿乔木或小乔木，栽作绿篱时呈灌木状。单叶，对生；叶片革质而脆，全缘；圆锥花序顶生，白色；浆果状核果，长圆形，熟后蓝黑色。女贞花期长15天，5月下旬至6月中旬开花，可生产商品蜜。浙江省各地栽培，多种在田边、路旁、庭院以美化环境。

图5-23　女贞（苏晓玲 摄）

14. 乌桕*Triadica sebifera* (Linnaeus) Small

乌桕，大戟科乌桕属（图5-24）。落叶乔木；叶片纸质，菱形或菱状卵形，花梗着生处两侧各有1腺体；总状花序顶生，长5～15厘米。花期在5～6月，蜜粉丰富，流蜜适宜温度25～32℃，高温湿润有利于乌桕流蜜，雨天刮风或久晴不雨、干燥气候对流蜜不利。蚜虫多的年份影响开花流蜜，还可能造成甘露蜜中毒。

图5-24　乌桕（苏晓玲 摄）

15. 拐枣 *Hovenia dulcis* Thunb.

拐枣，鼠李科枳椇属，别名枳椇、金果梨、万寿果、鸡爪子（图5-25）。乔木；叶片纸质，边缘具不整齐锯齿；花小，黄绿色，排成顶生和腋生的聚伞圆锥花序。花期在5～6月，蜜粉丰富可生产商品蜜。浙江省各地栽培。

图5-25 拐枣（苏晓玲 摄）

16. 枣 *Ziziphus jujuba* Mill.

枣，鼠李科枣属（图5-26）。落叶乔木；叶互生，长圆状卵形至卵状披针形；花3～5朵，腋生聚伞花序；花黄色或黄绿色。花期在6～7月，流蜜适宜温度25～30℃。枣花花期缺少花粉，对蜜蜂繁殖不利。浙江省各地少量种植。

图5-26 枣（苏晓玲 摄）

17. 西瓜 *Citrullus lanatus* (Thunb.) Matsum. et Nakai

西瓜，葫芦科西瓜属（图5-27）。1年生蔓生草本，叶片3深裂；花雌雄同株，单生，花冠黄色。花期因品种、气候、栽培方式等不同而异，设施西瓜多为长季节栽培，花期在5～10月，边开花边结果。露地西瓜花期在5～7月。西瓜蜜粉兼有，花期长，作为夏季辅助蜜粉源，对蜜蜂繁殖有利。浙江省各地广泛种植。

图5-27 西瓜（苏晓玲 摄）

18. 南瓜 *Cucurbita moschata* (Duch. ex Lam.) Duch. ex Poiret

南瓜，葫芦科南瓜属（图5-28）。1年生蔓生草本，叶大，圆形或心形。花雌雄同株，花冠钟状，黄色。花期在5～8月，花粉丰富。浙江省各地广泛栽培。

图5-28 南瓜（朱璞 摄）

19. 黄瓜 *Cucumis sativus* Linn.

黄瓜，葫芦科黄瓜属（图5-29）。1年生蔓生或攀缘草本，叶片宽心状卵形。雌雄同株，花黄色。花期在5～8月，蜜粉丰富。浙江省各地常见栽培。

图5-29　黄瓜（苏晓玲 摄）

20. 甜瓜 *Cucumis melo* Linn.

甜瓜，葫芦科黄瓜属，又名香瓜、白兰瓜、华莱士瓜（图5-30）。1年生蔓生草本，叶片近圆形或肾形，3～7浅裂。雌雄同株，花冠黄色，钟状。花期6～8月，蜜粉丰富。浙江省各地常见栽培。

图5-30　甜瓜（朱璞 摄）

21. 苦瓜 *Momordica charantia* Linn.

苦瓜，葫芦科苦瓜属（图5-31）。1年生攀缘草本；茎多分枝，被柔毛；卷须纤细；叶片轮廓卵状肾形或近圆形，5～7深裂，裂片卵状长圆形，边缘具粗齿或有不规则小裂片；雌雄同株。果纺锤形或圆柱形，多瘤皱，成熟后呈橙黄色。花果期5～9月，蜜粉丰富。浙江省各地常见栽培。

图5-31　苦瓜（苏晓玲 摄）

22. 丝瓜 *Luffa aegyptiaca* Miller

丝瓜，葫芦科丝瓜属（图5-32）。1年生攀缘草本；茎、枝粗糙，有棱沟，被柔毛；卷须稍粗，被短柔毛，2～4歧；叶片三角形或近圆形，通常掌状5～7裂，裂片三角形；雌雄同株；果圆柱状，直或稍弯。花期在6月中旬至8月中旬，泌蜜适宜温度30～35℃。丝瓜花蜜、粉兼有，花粉较多。浙江省各地常见栽培。

图5-32　丝瓜（苏晓玲 摄）

23. 蜀葵 *Alcea rosea* Linnaeus

蜀葵，锦葵科蜀葵属，别名一丈红、麻杆花、蜀季、戎葵等（图5-33）。2年生草本；茎直立，常丛生，不分枝，被星状毛和刚毛；叶片近圆心形或长圆形；花大，单生或近簇生于叶腋，或排列成顶生总状花序式，有红、紫、白、粉红、黄和黑紫等色，单瓣或重瓣。花期在5～11月，花粉丰富。浙江省各地广泛栽培。

图5-33　蜀葵（苏晓玲 摄）

24. 芝麻 *Sesamum indicum* Linn.

芝麻，胡麻科胡麻属（图5-34）。1年生草本，花多为白色，也有浅紫、紫色等。花期早的在5月，晚的在6～7月。花期长，蜜粉丰富。在芝麻种植集中区域，每群意蜂可产蜜10千克。浙江省各地普遍有栽培，金衢盆地的金华、义乌、东阳、浦江、兰溪和龙游等地种植较多。

图5-34　芝麻（苏晓玲 摄）

25. 麦冬 *Ophiopogon japonicus* (Linn. f.) Ker-Gawl.

麦冬，百合科沿阶草属，又名麦门冬（图5-35）。根状茎粗短；茎不明显；叶基生，叶片线形，边缘具细锯齿；花亭从叶丛中抽出，远短于叶簇；花紫色或淡紫色；种子圆球形，小核果状，成熟时暗蓝色。花期在6～7月。浙江省各地广泛栽培，慈溪、杭州等地有大量栽培。

图5-35　麦冬（苏晓玲 摄）

26. 玉米 *Zea mays* Linn.

玉米，禾本科玉蜀黍属（图5-36）。1年生草本植物，雌雄同株异花，雄花生于植株的顶端，为圆锥花序，雌花生于植株中部的叶腋内，为肉穗花序，雄穗开花一般比雌花吐丝早3～5天。玉米开花时间根据品种和种植时间不同而有差异，鲜食玉米4月初播种，6月上旬开花，普通玉米4月下旬至5月上旬播种，7月中旬开花。秋玉米最迟于7月中旬播种，9月中旬开花，玉米花粉量足，可供蜜蜂繁殖复壮用，还可以贮存粉脾。浙江省各地广泛种植。

图5-36　玉米（苏晓玲 摄）

27. 水稻 *Oryza sativa* Linn.

水稻，禾本科稻属（图5-37，图5-38）。1年生禾本科植物，单子叶。早稻花期在6月中旬至6月底，晚稻花期在8月中旬至9月中旬。开花最适宜温度在30℃左右，低于20℃或高于40℃时授粉受影响。水稻花粉多，可供蜜蜂繁殖复壮用。浙江省各地均有栽培。

图5-37 水稻（周建霞 摄）

图5-38 水稻花（周建霞 摄）

28. 凌霄 *Campsis grandiflora* (Thunb.) Schum.

凌霄，紫葳科凌霄属，别名五爪龙、倒挂金钟等（图5-39）。落叶攀缘藤本；茎木质；叶对生，奇数羽状复叶，小叶通常7～9枚；花大，组成大型疏散的圆锥花序，顶生。花期在5～8月，花粉多。浙江省各地广泛栽培。

图5-39 凌霄（苏晓玲 摄）

29. 杜英 *Elaeocarpus decipiens* Hemsl.

杜英，杜英科杜英属（图5-40）。常绿乔木；叶革质，披针形或倒披针形，边缘有小钝齿；总状花序多生于叶腋，花白色，萼片披针形，花瓣倒卵形；核果椭圆形。花期在6～7月，流蜜时间为20天左右。浙江省各地均有分布。

图5-40　杜英（苏晓玲 摄）

30. 莲 *Nelumbo nucifera* Gaertn.

莲，睡莲科莲属（图5-41）。多年生水生草本，叶片圆形，花单生于梗顶端，花大，红色、粉红色或白色，雄蕊多数。水生食用植物，花期在7～9月，花期长达40～50天，花粉丰富。浙江省各地广有栽培，其中建德、龙游、兰溪和武义等中西部地区种植规模较大，其他地区种植较分散。

图5-41　莲（苏晓玲 摄）

31. 荆条 *Vitex negundo* var. *heterophylla* (Franch.) Rehd.

荆条，马鞭草科牡荆属（图5-42）。落叶灌木；掌状复叶，小叶边缘有缺刻状锯齿；圆锥花序，花蓝紫色，核果。花期在7～8月，花期长，泌蜜多，是夏季重要的蜜源植物。浙江省各地均有分布，普遍生于山沟、谷底、河流两岸路旁和荒地中。

图5-42　荆条（苏晓玲 摄）

32. 葎草 *Humulus scandens* (Lour.) Merr.

葎草，桑科葎草属，别名拉拉藤、拉拉秧、五爪龙（图5-43）。1年生或多年生缠绕草本，单叶对生，叶片5～7深裂，裂片卵状椭圆形；雌雄异株，花单性，雄花小，黄绿色，成圆锥花序；雌花成短或近圆形的穗状花序。花期在8～9月，花粉较多。浙江各地均有分布，生于山坡路边、沟边、田野荒地中等，常成片蔓生。

图5-43　葎草（苏晓玲 摄）

33. 栾树 *Koelreuteria paniculata* Laxm.

栾树，无患子科栾树属（图5-44）。落叶乔木，单数羽状复叶互生；小叶卵形或卵状披针形；圆锥花序顶生，花淡黄色，中心紫色。花期8月中旬至9月底。蜜粉丰富，可生产商品蜂蜜，是蜜蜂秋繁的优良蜜粉源。浙江省各地均有栽培或野生，是理想的绿化、观叶树种。

图5-44　栾树（苏晓玲 摄）

34. 盐肤木 *Rhus chinensis* Mill.

盐肤木，漆树科盐肤木属，别名五倍子树（图5-45）。灌木或小乔木；单数羽状复叶互生，小叶卵形至长圆形，叶轴及叶柄常具宽的叶状翅；圆锥花序，萼片阔卵形，花冠黄白色。花期在8～9月，花期长约30天，蜜粉丰富，蜜蜂喜欢采集。浙江省各地均有分布，以浙南山区较多。

图5-45　盐肤木（苏晓玲 摄）

35. 柃木属 *Eurya* Thunb.

柃木，山茶科柃木属植物，俗称野桂花（图5-46）。柃属植物为常绿灌木或乔木；单叶互生，叶片椭圆形、矩圆形或披针形；花单生或数朵簇生于叶腋，花白色或粉色。

从10月下旬开始至翌年3月都有柃木陆续开花。生产上习惯将冬天开花的野桂花称为冬桂，开花早的在10月下旬至11月中旬，花期长15～20天；开花晚的在12月上旬至12月下旬，花期长15～20天。在春天开花的野桂花称为春桂，花期在2月上旬至3月上旬，花期长20～25天。柃属植物在气温12℃以上的晴天开始泌蜜，泌蜜适宜温度18～22℃，但孕蕾期和开花期遇上天气干燥，则泌蜜减少，甚至不泌蜜。

柃属植物蜜粉丰富，是中蜂重要的蜜源植物。利用冬桂可以生产蜂蜜，春桂是早春蜜蜂繁殖的优良蜜源。浙江省山区皆有柃木生长，尤其以浙南山区更多。

图5-46　柃木（苏晓玲 摄）

36. 枇杷 *Eriobotrya japonica* (Thunb.) Lindl.

枇杷，蔷薇科枇杷属（图5-47，图5-48）。常绿小乔木；叶片革质；圆锥花序顶生，具多数花；总花梗和花梗密被锈色绒毛；果实黄色或橘黄色。

枇杷花期在11月初至2月中旬，开花泌蜜期30～35天。枇杷开花泌蜜受气候变化影响较大，泌蜜适宜温度18～22℃。枇杷花粉、蜜兼有，是浙江省冬季重要的蜜粉源植物，在枇杷主产区，活框饲养中蜂产蜜量可达10～15千克。浙江省以杭州塘栖枇杷最为有名，此外，黄岩、乐清、温岭、临海、象山和兰溪等地也有较大面积种植。

图 5-47　枇杷花（苏晓玲 摄）　　图 5-48　枇杷树（苏晓玲 摄）

三、浙江省有毒蜜源植物及分布

有一些蜜源植物所产生的花蜜、蜜露或花粉，能使人或蜜蜂出现中毒症状，这些植物称为有毒蜜源植物。不同的有毒蜜源植物其毒素种类和含量有差异。蜜蜂采酿的毒蜜，毒性大小不同，有的对蜜蜂有毒害而对人无害，有的对人有毒害而对蜜蜂无毒害。

一些种类的有毒蜜源植物的花蜜和花粉，随蜜蜂采食会致使幼虫、成年蜂和蜂王发病、致残和死亡，给养蜂生产造成损失。人误食一些种类的有毒蜜源植物蜂蜜和花粉后，会出现低热、头晕、恶心、呕吐、腹痛、四肢麻木、口干、食道烧灼痛、肠鸣、食欲不振、心悸、眼花、乏力、胸闷、心跳急剧、呼吸困难等症状，严重者可导致死亡。毒蜜大多呈深琥珀色，或呈黄、绿、蓝、灰色，有不同程度的苦、麻、涩味道。

浙江省有毒蜜粉源植物主要有喜树、博落回、羊踯躅、雷公藤、八角枫和乌头。其中较常见的有毒蜜源植物为喜树；博落回、羊踯躅等有毒蜜源植物数量少且分布零散，虽有蜜蜂采集，但至今尚未有人、蜂中毒的报道。

1. 喜树 *Camptotheca acuminata* Decne.

喜树，蓝果树科喜树属，别名旱莲木、千仗树（图 5-49，图 5-50）。落叶乔木；叶互生，纸质，全缘或呈波状；花单性同株，多排成头状花序，雌花顶生，雄花腋生，花被淡绿色。喜树花期在 7～8 月，蜜粉对蜜蜂有毒，意蜂中毒尤为严重。中毒幼蜂遍地爬行，幼虫和蜂王也开始死亡，群势急剧下降，对蜂群危害严重。浙江省各地均有分布，主要分布于安吉、临安、鄞州、开化、遂昌、龙泉、庆元、丽水、文成和泰顺等地。

图5-49　喜树（胡福良 摄）

图5-50　喜树花（胡福良 摄）

2. 博落回 *Macleaya cordata* (Willd.) R. Br.

博落回，罂粟科博落回属，别名野罂粟、号筒杆（图5-51，图5-52）。多年生草本，基部含乳黄色汁液；茎直立，中空，被白粉；叶互生，叶片宽卵形或近圆形；圆锥花序，花黄绿色而有白粉。花期在6月初至7月下旬，蜜少粉多，蜜粉对蜜蜂和人有毒。浙江省各地均有分布，尚未发现大面积成片分布。

图5-51　博落回（苏晓玲 摄）

图5-52　博落回花（苏晓玲 摄）

3. 羊踯躅 *Rhododendron molle* (Blum) G. Don

羊踯躅，杜鹃花科杜鹃花属，别名闹羊花、黄杜鹃、老虎花（图5-53）。落叶灌木，叶长椭圆形至长圆状披针形，下面密生灰白色柔毛；伞形花序顶生，有花5～12朵，花冠黄色，阔漏斗形。花期在4～5月，蜜粉对蜜蜂和人有毒。浙江省德清、杭州、金华、临安、淳安、建德、绍兴、诸暨、嵊州、新昌、鄞州、天台、临海和丽水等地有零星分布。

图 5-53　羊踯躅（徐新建 摄）

4. 雷公藤 *Tripterygium wilfordii* Hook. f.

雷公藤，卫矛科雷公藤属，别名断肠草、红药、菜虫药（图 5-54）。藤本灌木；单叶互生，卵形至宽卵形；聚伞圆锥花序顶生或腋生，被锈毛，花小，黄绿色。花期在5月底至7月中旬。主要有毒成分是雷公藤碱，蜂蜜对蜜蜂无毒，对人有毒。浙江省湖州、淳安、建德、桐庐、宁波、鄞州、开化、天台、莲都、遂昌、松阳、缙云、龙泉和泰顺等地零星分布。

图 5-54　雷公藤（陈坚波 摄）

5. 八角枫 *Alangium chinense* (Lour.) Harms.

八角枫，八角枫科八角枫属，别名华瓜木（图 5-55）。落叶灌木或小乔木；叶互生，长圆形或卵圆形；二歧聚伞花序，腋生，有花3～30朵；花瓣初时白色，后变成黄色。花期在6～7月，八角枫含有八角枫京、八角枫酰胺、八角枫辛、八角枫碱等，蜜粉对蜂和人有毒。浙江省安吉、临安（昌化）、鄞州、开化、遂昌、龙泉、庆元、莲都、文成和泰顺等地零星分布。

图5-55　八角枫（孙甜 摄）

6. 乌头 *Aconitum carmichaelii* Debeaux

乌头，毛茛科乌头属，别名草乌、老乌（图5-56，图5-57）。多年生草本；叶互生，五角形，三深裂近达基部，两侧裂片再二裂，上部再浅裂；总状花序顶生或腋生，萼片花瓣状，青紫色，上方萼片盔状，两侧萼片近圆形；雄蕊多数。花期在7～9月。乌头含有乌头碱、中乌头碱等，蜜粉对蜂有毒。浙江省临安、天台和嵊州等地有零星分布。

图5-56　乌头（陈坚波 摄）

图5-57　乌头果实（陈坚波 摄）

四、甘露和蜜露植物

1. 甘露和蜜露植物

某些刺吸式口器昆虫（如蚜虫、介壳虫、木虱、蝉等）吸食植物的芽、幼枝、幼叶、花的液汁后通过体内的特殊过滤器官，从肛门排出含糖的甜物质称为甘露，这些植物称为甘露植物，这类植物产蜜称为甘露蜜。在我国能产生甘露蜜的植物有马尾松、乌桕、柳树、高粱、玉米、栎树、棉花、山毛榉等。

某些植物的嫩枝、幼叶或花蕾等表皮渗出像露水似的含糖甜液，并能被蜜蜂采集加工成蜜，这类植物称蜜露植物，这类植物产蜜称为蜜露蜜。在我国，能生产蜜露蜜的有南洋楹、银合欢、香蕉、芭蕉等植物。

2. 蜜蜂中毒的原因及症状

蜜蜂采食甘（蜜）露可能引起中毒，因为甘（蜜）露蜜中含有大量的糊精和无机盐，可导致蜜蜂的消化吸收功能障碍。另外，蚜虫和介壳虫等刺吸式口器昆虫分泌的甘露还可能被细菌或真菌等微生物污染，进而产生毒素，引起蜜蜂中毒。

中毒多发生在早春和晚秋蜜粉缺乏的季节。发生甘（蜜）露蜜中毒的多是采集蜂，强群比弱群中毒严重。甘（蜜）露蜜会使蜜蜂腹部膨大，并伴有泻痢，致使蜜蜂失去飞行能力。中毒蜜蜂常在巢脾框梁上或巢门外爬行，行动迟缓，体色变黑。中毒严重时成年蜂、幼年蜂、幼虫及蜂王都会死亡。

3. 诊断

可根据症状和外界蜜源、气候条件进行诊断。在外界蜜源缺乏或泌蜜中断时，蜂场还出现蜜蜂积极采集现象，即可怀疑蜜蜂采集甘（蜜）露蜜。解剖消化道观察，蜜囊膨大成球状，中肠呈灰白色，环纹消失、失去弹性，后肠呈黑蓝色或黑色，里面充满淡紫色水状液体，并有块状结晶物；检查蜜脾，若发现蜜房内蜜汁呈暗绿色，无蜂蜜的芳香气味，甚至在巢脾内结晶，箱内出现有死亡的采集蜂时，即可初步诊断。

甘（蜜）露蜜颜色较暗，甜度略差，无花香，其电导率、pH和灰分含量较一般花蜜高。因此，可以通过测定蜂蜜的电导率、pH和旋光度等理化指标进行确认。

4. 预防

在天气干旱季节，选择没有松、柏等甘（蜜）露蜜源的地方放蜂。在低温湿冷、主要蜜源突然泌蜜中止时，须喂足饲料，并及时搬离有甘（蜜）露蜜源的地方。在晚秋外界蜜源结束前留足越冬饲料，并及时将蜂群转移到没有松、柏等甘（蜜）露植物的地方。甘（蜜）露蜜不能留在蜂巢里做蜜蜂饲料用，一旦发现巢脾里有甘（蜜）露蜜，必须及时摇出，换成蜂蜜脾供蜜蜂食用。

第二节　蜜蜂授粉技术

在自然界中，植物（包括蜜粉源植物）为昆虫提供食物，而昆虫在取食过程中又为植物传粉，昆虫和植物在这种互利的平衡中都得以繁衍生息。在人类活动对昆虫与植物之间的这种平衡造成破坏之前，植物授粉问题并不突出。但随着土地大面积平整，农业、畜牧业生产的规模化、集约化发展，除草剂、杀虫剂等广泛使用，野生授粉昆虫数量骤减，尤其是设施农业的发展，阻碍了野生昆虫为农作物授粉的通道，严重影响了作物的产量和品质，使得人工饲养蜜蜂为农作物授粉变得更为重要且必要。

蜜蜂是最重要的授粉昆虫。蜜蜂授粉是指以蜜蜂为媒介传播花粉，使植物实现授粉授精的过程。试想如果没有蜜蜂授粉会出现什么情况呢？爱因斯坦曾经预言："如果蜜蜂消失，人类只能生存四年。"2004年美国在发表蜜蜂基因组序列的评论中称："如果没有蜜蜂，整个生态系统将会崩溃。"因此，蜜蜂作为主要授粉昆虫，其授粉对农业生产和生态系统的维护具有重要意义。

一、国内外蜜蜂授粉概况

膜翅目蜜蜂总科昆虫是自然界中最重要的授粉者。为了采集花蜜和花粉等食物，蜜蜂形成了许多特化器官和特殊行为，能使植物在最佳时间充分授粉。此外，蜜蜂采集的专一性与可贮存性、蜜蜂的可移动性与可训练性，使其成为了最理想的授粉昆虫。

蜜蜂授粉的作用在国外特别是科学技术发达的地区较为重视、应用较多，并取得了显著的社会效益、经济效益和生态效益。当前，我国蜜蜂授粉技术的推广应用已进入了从实践探索到快速推进的关键时期，蜜蜂授粉技术正日益成为现代农业必不可少的配套措施之一。

1. 国外蜜蜂授粉概况

蜜蜂为牧草、油料作物、果树和蔬菜授粉增产作用十分显著（表5-1）。

表5-1　国外主要作物蜜蜂授粉概况

作物名称	增产 /%	试验国家	作物名称	增产 /%	试验国家
棉花	18 ～ 41	美国	苹果树	209	匈牙利
大豆	14 ～ 15	美国	梨树	107	意大利
油菜	12 ～ 15	德国	梨树	200 ～ 300	保加利亚
向日葵	20 ～ 64	加拿大	樱桃树	200 ～ 400	德、美
葱头（洋葱）	300 ～ 1000	罗马尼亚	巴旦木	600	美国
黄瓜	76	美国	紫花苜蓿	300 ～ 400	美国
西瓜	170	美国	红苜蓿	52	匈牙利
芜菁	10 ～ 15	德国	醋果	700	美国
野草莓	15 ～ 20	英国	野豌豆	74 ～ 229	美国
黑莓、树莓	200	瑞典	—	—	—

美国对蜜蜂授粉最为重视，利用蜜蜂为农作物授粉增产约占美国膳食的1/3，并对生产量极大的高经济价值的水果、蔬菜、坚果、饲料作物、大田作物以及其他特种农作物广泛应用蜜蜂授粉，促使授粉收入成为养蜂的主要经济来源。在美国，每年为作物授粉大约租用200多万群蜜蜂，蜜蜂授粉每年可创造约150亿美元的价值。

2. 国内蜜蜂授粉概况

我国开展蜜蜂授粉研究是从20世纪50年代初开始的。至20世纪90年代中期，蜜蜂授粉作为一项增产措施相继在山东、河北、山西和福建等省市推广应用，主要应用在草莓、果树、瓜类、蔬菜和油料植物，增产效果十分显著（表5-2）。

表5-2 我国利用蜜蜂授粉的增产效果

作物名称	增产 /%	作物名称	增产 /%	作物名称	增产 /%
油菜	26 ～ 66	荞麦	50 ～ 60	甜瓜	200
向日葵	34 ～ 48	水稻	2.5 ～ 3.6	柑橘	25 ～ 30
蓝花子	38.5	棉花	23 ～ 30	龙眼	149
大豆	92	苹果	71 ～ 334	猕猴桃	32.3
砀山梨	8 ～ 9	蜜橘	200	甘蓝	18.2
紫云英	50 ～ 240	乌桕	60	李	50.5
砂仁	68	西瓜	170	荔枝	248
花菜	440	莲子	24.1	沙打旺	30
苕子	449.6	油茶	89 ～ 98	黄瓜	35

近年来，设施农业发展迅速，生态精品农产品在市场上走俏热销，浙江省蜜蜂授粉业也加快了发展的步伐，成为现代农业发展的一个亮点。2010年全省用于授粉的蜂群数量约18万群，占全省蜜蜂总数的16.36%，蜜蜂授粉技术应用面积达1.93万公顷，在杭州、金华、嘉兴、宁波、温州和衢州等地有较大面积的推广应用。随着各项配套技术的不断完善，蜜蜂授粉这一农业增产措施，势必在农业生产中发挥更大的作用。

二、蜜蜂为农作物授粉增产配套技术

蜜蜂授粉配套技术是以提高蜜蜂为农作物授粉效果为目的的蜂群管理技术。授粉蜂群管理通常分为大田农作物授粉蜂群管理和设施农作物授粉蜂群管理。浙江省设施农作物授粉蜂群管理因作物开花时间、设施类型和授粉蜂群摆放位置等不同，相应的管理措施差异很大。这里我们以冬季开花的草莓和夏秋季开花的西瓜为例，分别介绍低温期和高温期的设施农作物蜜蜂授粉配套技术。

1. 大田农作物蜜蜂授粉技术

（1）授粉蜂种。

中华蜜蜂或意大利蜜蜂。

（2）适用作物。

适用于蜜粉较多的大田果蔬、油菜、籽莲等（图5-58，图5-59，图5-60）。

图5-58 枇杷蜜蜂授粉（苏晓玲 摄）

图5-59 蓝莓蜜蜂授粉（赵东绪 摄）

图5-60 籽莲蜜蜂授粉（苏晓玲 摄）

（3）技术要点。

大田授粉一般都和养蜂生产结合在一起，由养蜂人员根据授粉业务的实际需要具体操作，蜂群管理应注意以下几点。

①蜂箱的排列。排放执行授粉任务的蜂场蜂群应考虑蜜蜂飞行半径、风向等因素。一般应采用小组（6群）散放，不宜将整个蜂场放在一起，也不宜采用单群排放方式。在果园里，特别是树体高大的果树，蜜蜂采用小组排放更利于异花授粉。

②蜂量配置。一般油菜、籽莲等蜜粉较多的农作物按3～5亩种植面积配置1群强群，蜜粉较少的桃、李、柿等果树按5～6亩种植面积配置1群强群，西（甜）瓜、向日葵等作物按7～10亩种植面积配置1群强群。

③早春或冬季授粉应加强蜂群保温。早春或冬季蜜蜂授粉时，外界平均气温较低，蜜蜂活动不多，所以放蜂地点选择在避风向阳处更为理想。同时，应加强蜂群保温。此外，应选择强群，采用蜂多于脾的办法，保证蜂箱内的温度正常，提高蜜蜂的出勤率，增强授粉效果。

④防止农药中毒。加强宣传蜜蜂授粉对农业的好处，提高农民对蜜蜂授粉重要性的认识。在授粉前和果农或业主签订合同给予约束，同时还要注意，不要用打过农药的器具向蜂箱喷水，以免药械的残留农药引起蜜蜂中毒。授粉范围内的水源不要被农药污染，否则也会引起大范围蜂群中毒。

⑤防止盗蜂。在外界缺少蜜粉源时，饲料不足、蜜汁滴在箱外、蜂箱破旧缝隙宽、巢门开口过大等均容易引起盗蜂。一旦发生盗蜂，将严重影响蜂群授粉效率。应在巢门口加装防盗器，加强饲养管理并适当缩小巢门。

⑥适时饲喂。在授粉期间，如遇到持续阴雨天气，意蜂需进行连续的补助饲喂，中蜂可根据蜜粉情况进行饲喂。同时，在天气转好时当天傍晚进行奖励饲喂，可促进蜜蜂采集积极性。

2. 低温期设施农作物蜜蜂授粉技术（以草莓为例）

（1）授粉蜂种。

中华蜜蜂或意大利蜜蜂，以中华蜜蜂为主。

（2）适用作物。

适用于冬季大棚作物的授粉（图5-61）。

图5-61　大棚草莓授粉（苏晓玲 摄）

（3）技术要点。

①授粉蜂群的组织与配置。冬季大棚昼夜温差大，为利于蜂群的维持和发展，群势应在2足框以上，整个授粉期间应保持蜂多于脾或者蜂脾相称。由于设施大棚限制了蜜蜂的飞行空间，蜜蜂进棚的前几天，会在棚顶或棚壁上乱窜，直至衰竭而亡，因此，配置蜂群要适宜，一般按600平方米大棚面积配置2～3足框蜜蜂。

②入场时间。草莓初花期时将蜂群放入大棚内。

③蜂群摆放。若每个大棚内放置1群蜂，蜂箱应放置在大棚门口偏1/3处；如果每个大棚内放置2群或2群以上蜜蜂，则将蜂群均匀置于大棚两头各1/3处；蜂箱应放在作物垄间的支架上，支架高度20～50厘米，巢门朝南朝北均可。

④蜂群的管理。主要包括加强保温、蜂群喂水、饲喂糖浆和花粉等方式。

加强保温：大棚内昼夜温差较大，夜晚温度较低时，蜜蜂结团，外部子脾易受冻。因此，晚上应加盖草帘等保温物，维持箱内温度相对稳定，以保证蜂群能够正常繁殖。

蜂群喂水：可采用巢门喂水器喂水，也可巢外喂水。在蜂箱前约1米处放置1个碟子，在碟子里面放置一些草秆或小树枝等供蜜蜂攀附，以防蜜蜂溺水死亡。蓄满净水，每隔2天换1次水。

饲喂糖浆：用2∶1的糖水，灌入饲喂器或空脾内，于傍晚时饲喂，每周1次，每次300克。也可在巢外饲喂，方法同巢外喂水一致。

饲喂花粉：制作花粉饼饲喂蜂群，每隔3～7天喂1次，直至大棚授粉结束为止。授粉期间最易出现的问题是授粉后期时蜜蜂不足。冬季蜜蜂粉源不足，蛋白饲料跟不上幼虫发育的需求，种植户需要购买花粉饼进行蜂群饲喂，以保证授粉后期的蜜蜂数。

⑤大棚管理需注意隔离通风口、控温控湿、保持棚内空气清新等方面。

隔离通风口：用防虫网封住大棚通风口，防止棚室通风降温时蜜蜂飞出棚室丢失或冻伤。

控温控湿：蜜蜂授粉时，大棚温度应控制在15～35℃。中午前后通风降温时，大棚相对湿度急剧下降，可以通过洒水等措施保持大棚内湿度在30%以上，以维持蜜蜂的正常活动。

保持棚内空气清新：放入授粉蜂群前，对大棚内草莓病虫害进行详细的排查，必要时采取适当的防治措施，保持良好的通风，去除室内的有害气体。

在授粉过程中，严禁使用威胁蜜蜂生存的除草剂、杀虫剂和杀菌剂等。如果必须施药，应尽量选用生物农药或低毒农药。蜜蜂对农药特别敏感，施药时应暂时将蜂群撤离出大棚，以免产生药害，待药味散去再将蜜蜂移入大棚。

3. 高温期设施作物蜜蜂授粉技术(以8424西瓜为例)

(1)授粉蜂种。

中华蜜蜂或意大利蜜蜂。

(2)蜂群来源。

浙江省大棚西瓜为长季节栽培模式,花期在4～9月。蜂群进行西瓜授粉时,要经历越夏和繁殖阶段,不论是中蜂还是意蜂都必须有专人负责蜂群管理。因此,西瓜蜜蜂授粉通常是采用蜂群租赁的方式进行。

(3)适用作物。

适用于夏秋大棚作物的授粉,例如大棚火龙果、大棚西(甜)瓜、大棚蔬菜(苦瓜、黄瓜、辣椒)等(图5-62,图5-63)。

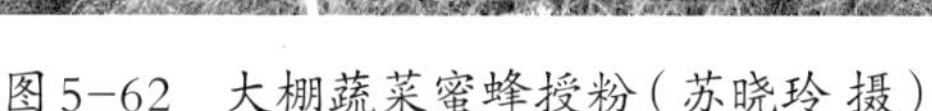

图5-62 大棚蔬菜蜜蜂授粉(苏晓玲 摄)

图5-63 大棚西瓜蜜蜂授粉(曹春信 摄)

(4)技术要点。

①蜂群配置。按5～8亩种植面积配置1个授粉标准群。中华蜜蜂授粉标准群通常指由1只蜂王、1张封盖子和幼虫脾及1张蜜粉脾组成的蜂脾相称的蜂群。意大利蜜蜂授粉标准群指由1只蜂王、1张封盖子、1张幼虫脾及1张蜜粉脾组成的蜂脾相称的蜂群。

②入场时间。开花前3天将蜂群放入田间,蜂群入场时间一般选择在天黑后或黎明前。

③蜂群摆放。将授粉蜂群放置在大棚外,蜂群尽可能布置于地块中央,以减少蜜蜂飞行半径。若种植面积较大,蜂群可分组摆放于地块四周及中央,使各组飞行半径相重合。

④蜂群管理包括蜂群遮阴、适时饲喂和防止盗蜂等方式。

蜂群遮阴:宜选择阴凉通风处,利用树荫等避免阳光直射。如果没有树荫,可以搭建遮阴篷,同时垫高箱底,如此既可防潮又可防止其他虫类干扰蜂群。

适时饲喂:西瓜花期较长,如遇到持续阴雨天气,可根据蜜粉情况进行补助饲喂。可选择天气转好当天的傍晚进行奖励饲喂,以促进蜜蜂采集积极性。

防止盗蜂:在外界缺少蜜粉源时,饲料不足、蜜汁滴在箱外、蜂箱破旧缝隙宽、巢门开口过大等均容易引起盗蜂。一旦发生盗蜂，将严重影响蜂群的授粉效率。应在巢门口加装防盗器，加强饲养管理，适当缩小巢门等以防止盗蜂。

蜂脾相称：在较长的授粉花期中，可通过蜂群调整、及时抽脾加脾等措施，始终保持蜂脾相称，确保蜜蜂为大棚西（甜）瓜有效授粉。

蜂群检查：平时多做箱外观察，不宜经常开箱检查。如箱门外蜜蜂出勤活动频繁，说明蜂群正常，则没有必要开箱。如发现箱门口进出蜜蜂极少或见不到蜜蜂进出时，则需要打开蜂箱检查，检查蜂王是否健在或蜜蜂是否飞逃。如在箱门口发现成团蜜蜂垂持（俗称“挂胡子”，说明蜜蜂已出现分蜂迹象，应立即开箱检查，逐脾查看，发现王台，应全部摘除。为了防止在蜂群发展期发生分蜂情况，需要每周开箱检查1次，及时去除王台。

⑤大棚管理包括大棚开口、西瓜病害防治、用药注意事项方面。

大棚开口：在西瓜授粉前期，晚上气温在12℃以下时，大棚开口需关上，白天打开1/3。待温度升高后，大棚两端开口可完全敞开，让蜜蜂自由进出。

西瓜病害防治：在授粉蜂群进入场地前7天，对大棚内西瓜进行1次详细的病虫害排查，必要时采取适当的防治措施，随后保持良好的通风，待有害气体散出后蜂群方可入场。

用药注意事项：在西瓜授粉期间，棚室周围与棚室内禁用杀虫药剂，棚中土壤禁用吡虫啉等强内吸性缓释杀虫剂。必须用药时，应选择高效、低毒的药物，在蜜蜂傍晚回巢后施用。

第六章　中蜂的科学饲养

中华蜜蜂（中蜂）原产于中国，分布于中国除新疆外大部分地区。20世纪30年代开始，我国大量引进和饲养西方蜜蜂，使得我国很多地区（尤其是平原地区）中蜂的数量急剧下降，一些地区甚至濒临灭绝。近几年我国中蜂数量有所增加，目前主要分布在南方地区，以定地和小转地饲养为主。我国中蜂按其分布可划分为北方中蜂、华南中蜂、华中中蜂、云贵高原中蜂、长白山中蜂、海南中蜂、阿坝中蜂、滇南中蜂、西藏中蜂9个地方品种。浙江南部的中蜂属于华南中蜂。近几年，浙江省中蜂饲养数量增长较快。据2018年统计，浙江省中蜂饲养量达43.3万群，主要集中在丽水、金华、温州和衢州等地。

中蜂在长期进化适应过程中，形成了一系列适应我国气候、蜜源条件的生物学特性，有很多西方蜜蜂不可比拟的优良特性，例如采集勤奋、个体耐寒能力强、善于利用零星蜜源和冬季蜜源、节约饲料、飞行灵活、善于躲避胡蜂等敌害和抗螨能力强等。但中蜂也有弱点，例如分蜂性强、蜂王产卵量低、不易维持强群、易飞逃和采蜜量较低等。虽然我国饲养中蜂历史悠久，但科学饲养技术的形成只有数十年。只有根据中蜂的生物学特性，通过科学饲养，才能充分发挥中蜂的优良特性，改进和解决中蜂的弱点，更好地保护和开发中蜂这一“国宝”。

第一节　中蜂的生物学特性

中蜂的生物学特性是由我国特有的生态条件所决定的，经过长期的自然选择，形成了以下一些生物学特性。

1. 爱分蜂，群势不强

中蜂为了适应各种不利的生存环境，形成了分蜂性强的特性。分蜂有利于中蜂的种族繁衍，但不利于中蜂的强群。如果采用活框蜂箱饲养，进行人工选种，在一定程度上可以克服这一缺点。

2. 嗅觉灵敏，善于利用零星蜜源

中蜂嗅觉非常灵敏，在外界蜜源植物开花较少时，中蜂也能采集到足以维持本群生存、繁衍所需的花粉和花蜜，为养蜂者节约了大量的饲料成本。浙江省的山区有丰富零星的蜜

源植物，特别适宜饲养中蜂。

3. 抗寒耐热力强

中蜂抗寒又耐热，例如7～8月份的黄荆花期，外界气温在40℃的情况下，也有蜜蜂外出采集。12月至翌年2月的枇杷花期，气温在7℃以上就会发现中蜂出巢采集。每日外出采集都是早出晚归，采集时间要比意蜂长1～3小时。所以中蜂能很好地利用早春及冬季蜜粉源。

4. 恋巢差，易逃群

中蜂长期生活在野生状态下，经常受到敌害的侵袭。中蜂遇到严重缺蜜和无法抵抗敌害的情况下习惯弃巢飞逃。同时，蜂群如长时间受到震动、周围有异味、在太阳底下暴晒等外界因素干扰及病害严重时，也不会顾及群内是否有子蜂就弃群而逃。因此，人工饲养中蜂时应排除以上因素，避免逃群发生。

5. 温驯性差

用活框饲养的中蜂仍然保留着很强的野性，这给蜂群的管理带来了不便。但中蜂在晚上较温驯。

6. 盗性强

中蜂的嗅觉灵敏，善于发现蜜源，但盗性强。在外界蜜源缺乏时，很容易对其他蜂群所散发出来的蜜味感兴趣。盗蜂的发生，会造成蜂群的损失，严重时会全场覆灭。因此，在外界蜜源缺乏时，应尽量少开箱检查。蜂群缺蜜需要补喂时，应在蜜蜂全部归巢后进行，饲喂量应控制在以当晚蜜蜂能处理完为宜。

7. 不采树胶

中蜂有不采树胶的习性，它填塞蜂箱缝隙和粘固巢框都是用自身分泌的蜂蜡，这给活框饲养的蜂群提取巢脾带来了方便。因中蜂不采树胶，巢脾受震动容易发生断裂，所以蜂群转地饲养比较困难。

8. 造脾力强

中蜂泌蜡多、造脾快，不用巢础也能造出整齐的工蜂巢脾，并且颜色洁白，蜂王偏爱在新脾上产卵。

9. 怕巢虫，爱咬旧脾

中蜂对巢虫的抵抗能力差，巢虫能轻易爬上巢脾，危害封盖子脾，造成蜂蛹死亡，出现“白头蛹”现象。中蜂喜爱新脾，讨厌旧脾，一旦巢脾陈旧就会将其咬掉，在原位上重新筑造新脾。因此，养蜂人平时应及时将蜂群中的老脾抽出化蜡，适时加础，多造新脾。

10. 扇风头朝外

在天气炎热时，蜜蜂常常要通过扇风来增强蜂巢通风，从而降低巢内温度。中蜂扇风时采取的姿势是头部朝向巢外，将风鼓进蜂箱。这种扇风方式，一方面将外界温度较低的空气扇入巢内以降低巢温；另一方面可影响巢内的湿气排除，致使巢内相对湿度较高。

11. 抗病、抗螨力强

中蜂长期生活在野生的环境条件下，对自然环境的适应性很强，抗病、抗螨力也强，但对囊状幼虫病抵抗力弱。

12. 认巢能力差，容易错投

中蜂的认巢能力不如意蜂，经常出现错投现象，因此在摆放中蜂群时应拉开箱间距离。在山区可根据地理、地势错落摆放，也可将邻间蜂箱涂上不同的颜色以便中蜂识别。

13. 抗胡蜂等天敌能力强

中蜂飞行灵活敏捷，善于躲避胡蜂和其他天敌的危害，特别适宜于山区饲养。

14. 怕震动，易离脾

蜂群受到轻微震动后，工蜂即会离开子脾偏集于巢脾的上端及旁边，若受到激烈震动就会离开巢脾往箱角集结，甚至涌出巢门现象。中蜂具有怕震动，易离脾的特性，虽然利于提取蜜脾，但不利于长途转地饲养。该特性会使幼虫长时间得不到哺育和保温，造成幼虫死亡，致使到达目的地后群势严重下降。针对中蜂怕震动，易离脾的特点，在中蜂饲养管理中要注意蜂群摆放的场所的选择，平常管理蜂群操作要轻稳，避免过大震动扰乱蜂群生活。

第二节　野生中蜂的诱捕

诱捕野生中蜂是解决蜂种缺乏的一种经济有效的方法。尤其是对贫困山区农民发展养蜂业有重要的作用。以前，在中蜂比较少的时候，山区农民经常采用猎捕方式收捕中蜂，能收到一定的效果，但费时费工。随着野生中蜂群数量和家养蜂中蜂群数量的增加，分蜂群的数量也随之增多，这给诱捕中蜂带来了很大的机会。

一、诱捕前的准备

①准备好蜂箱（桶）。首选旧蜂箱或旧蜂桶。诱捕用的蜂箱（桶）壁要严密、不透光、干燥、清洁、无异味，最好是带有蜜蜡香味的旧蜂箱。新蜂箱（桶）有浓厚木材气味，蜜蜂不喜欢，要先将新蜂箱（桶）清洗晾干，或用洗米水浸泡，待完全除去气味后，再在内壁涂上蜜蜡方可使用。

②准备好空巢框放入蜂箱内。

③提前选好蜜蜂的放置场地。

二、诱捕时期选择

外界蜜粉源较多时，正值中蜂的分蜂高峰期，分蜂群的数量多，也就成为最佳的诱捕时期。蜜源枯竭且巢内缺蜜、被胡蜂侵害、巢虫危害和蜜蜂疾病等因素易造成中蜂整群飞逃，可在此时进行诱捕。

三、诱捕地点选择及诱捕方法

①诱捕箱（桶）要放置在有蜜源的场所。自然分蜂群在寻找新的居住场所时，都会向有蜜源的方向寻找。

②诱捕箱（桶）放在岩洞下最为理想，岩洞下有避雨、保暖防寒作用，可长期放箱诱捕。

③可选择避风向阳及有遮阴的地方设置诱捕蜂箱（桶），例如岩脚、岩缝、大树下、房檐前均是较好的诱捕地点。

④诱捕箱（桶）要放置在醒目处，目标突出易被侦察蜂所发现。

⑤放在平坦空阔处的诱捕箱（桶），要设置遮阴物，以免太阳直晒或风吹雨打。

四、检查和安置已诱捕到的蜂群

在诱捕箱（桶）放在诱捕点后，要定时检查诱捕结果。在分蜂季节一般每2～3天检查1次，久雨初晴时要及时检查，其他时节可5～7天检查1次。若发现野生中蜂已经进箱，不可马上搬回蜂场，因为诱捕到的蜂群也有可能是原群生病后整群弃逃而来的。所以，要在原地饲养一段时间，经检查无疾病发生后，于傍晚蜜蜂归巢后，关闭巢门搬回即可。若是旧式蜂桶诱捕的蜜蜂，要根据群势大小决定是否马上搬回。群势强的，可马上搬回并及时过箱，群势弱的，放原地继续饲养，待群势变强后再搬回处理。

第三节　中蜂过箱技术

中蜂过箱是人为强行改变蜜蜂生存环境的行为，是指将饲养在蜂桶、蜂笼等不易人工检查管理的中蜂群，通过人工方法，将其转移到活框式蜂箱中饲养的技术。过箱是用人为的强制手段将蜂群拆巢迁移，此过程难免会对蜂群的群内秩序造成严重的干扰，同时也会对蜂巢内子脾和贮蜜造成损害。中蜂有怕干扰、易飞逃的习性，如果过箱后群内状况不能得到及时恢复和改善，很容易引发过箱后飞逃现象。因此，中蜂过箱是否成功，关键在于掌握好过箱的条件、过箱操作及过箱后的管理。

一、选择适宜的过箱时间

①外界有良好的蜜粉源。如发现蜜蜂采集勤奋，巢内开始贮蜜，说明外界具有较好的蜜源。这个时期过箱，不易引起盗蜂，过箱后巢脾修筑迅速，蜂群能很快恢复壮大，而且此时蜂王产卵积极性高、蜜蜂恋巢性强，不易发生逃群。

②具备良好气候条件。要关注天气预报，选择连续晴朗天气过箱，以确保蜜蜂能积极外出采集。中蜂在过箱过程中，子脾难免在蜂箱外暴露一段时间，因此过箱应在气温为20℃左右、晴暖无风的天气进行。

③过箱当天的时间点选择。在确定好过箱日期后，春季选择在晴暖的午后进行，夏秋宜在黄昏进行，此时气温适宜、蜜蜂出勤较少、秩序好。此外，也可选择在夜晚蜜蜂无法飞动的时候，将蜂群搬进室内进行。但要适当地关闭房门，烧开水提高温湿度，保持室温25～30℃，并利用蜜蜂对红色光色盲的特性，在微弱的红光照明下进行操作。

二、过箱蜂群的群势要求

过箱蜂群应具有一定的群势，一般应达2～3框为宜。群势大、子脾多，能激发工蜂恋巢本能，不易发生飞逃。弱群过箱，会恶化生活条件。凡达不到要求的蜂群，宁可稍等一段时间，让其群势转弱为强，再行过箱。

三、过箱前的准备

①过箱后要换位饲养的蜂群，过箱前要进行移位。在平地饲养的蜂群要每日移动蜂巢1次，每次约尺许，不可挪动过远。对蜂窝悬挂在高处的蜂群，应以每天下降30厘米左右的速度预先将蜂窝放下来，落地后的蜂窝，也要采用逐渐移动的方法渐渐移到预设地点。切勿急于求成，避免移动蜂群时蜜蜂错投，引起斗杀。

②为了提高过箱成功率，过箱前10天左右，可以在过箱群位置放上活框箱，再将蜂桶

放入箱内，让蜜蜂事先熟悉并适应环境。

③过箱前需准备的用具包括：标准蜂箱、上好铅丝的巢框、割脾刀、剪刀、稻草或竹夹或麻线、蜂扫、熏烟器、面网、隔板、脸盆、毛巾、接蜂笼、抹布、平板或桌子等。

④过箱需快速，要求时间短、动作轻稳利索，时间控制在30分钟内完成。因此，过箱时通常需要3个人协作进行，1个人负责脱蜂、割脾；1个人负责绑脾；1个人负责收蜂入笼以及清理残蜜等。

四、过箱方法

旧法饲养中蜂的器具多种多样，而且摆放的位置和形式也各不相同。但其过箱方法，不外乎翻巢过箱、不翻巢过箱和借脾过箱。

1. 翻巢过箱法

①将蜂窝移到已打扫干净的便于人工操作的平坦地，放置在预先准备好的平板上。同时，将活框箱放置在原蜂窝位置。

②观察蜂巢巢脾建造的方向，然后使蜂巢纵向与地平面垂直，这样可使巢脾纵向承受力比平面大些，能避免巢脾断裂损失，并顺势将蜂巢缓慢翻转过来安放，再将倒立的蜂桶底部选一点垫高2～3厘米，如此能更好地利用蜜蜂的向上习性，方便蜜蜂沿高处迅速进入接蜂笼（图6-1）。

图6-1　翻转蜂桶（赵东绪 摄）

③驱蜂入笼（图6-2）。将接蜂笼紧放在蜂桶的上口，先用木棒从下向上在桶外面轻敲，再喷以淡烟驱赶蜜蜂离脾，引导它们向上集结于收蜂笼中。待蜜蜂全部入笼集结以后，将收蜂笼安置在原位的旁边，便于外出蜜蜂归来后投入笼内集结，静候过箱。

图6-2 驱蜂入笼（赵东绪 摄）

④割取巢脾（图6-3）。在倒立的蜂桶上，用利刀从顺手的部位沿巢脾的基部逐一割下，并及时用手掌托着，防止巢脾折裂。凡平整可以利用的子脾，均应放在干燥平板上，不可重叠、积压，以免压伤子脾。

图6-3 割取巢脾（赵东绪 摄）

⑤合理整脾（图6-4）。子脾是过箱成功的关键之一，是蜂群后继的有生力量。因此，对原有巢脾要采取去蜜脾，留子脾；去老脾，留新脾；小脾并大脾的原则。子脾要求裁切合理，截取巢脾应尽量要求整取。做到脾满巢框，蜂多于脾以利营造新脾。切裁巢脾的过程中，必须经常洗去手上和平板上的蜜汁，避免沾染着子脾，导致虫蛹闷死。

图6-4　合理整脾（赵东绪 摄）

⑥绑脾上框（图6-5）。绑脾要端正妥帖，一般均要求拼接嵌入巢框。具体操作：将巢脾平整放好，巢框放在巢脾上，用小刀顺着巢框上的各条铅丝分别划1道沟，将巢框上的铅丝镶嵌入沟内，上面再覆盖1块木隔板，用双手捏住上下2块木隔板，连脾一起翻转过来，处垂直状态后撤去隔板，用薄竹片、稻草或包装绳等护住巢脾，即可放入蜂箱内。

图6-5　绑脾上框（赵东绪 摄）

⑦巢脾入箱。刚绑好的巢脾并不稳固，因此在提脾入箱时要将已绑好的巢脾垂直地面，防止倾斜，以免掉落。

⑧抖蜂入箱。待巢脾入箱后，就将收蜂笼内的蜜蜂抖入箱内，盖上箱盖，打开巢门，过箱操作即告完成。

2. 不翻巢过箱

先打开蜂巢的一侧，观察巢脾着生的位置和方向，选择巢脾横向靠外的一侧，作为下手的起点，往蜂巢里轻轻喷几口烟，驱赶蜜蜂离开巢脾，到另一头结团。用一只手托住巢脾，另一只手持刀，沿巢脾的基部把巢脾割下来，其余操作与翻巢过箱基本相同。当割完脾后，用收蜂器收集蜜蜂。无法用收蜂器收蜂的，可用手捧或用瓤舀收集，注意不要漏掉蜂王。这种方法过箱后的蜂群，最好移到其他地方饲养。

3. 借脾过箱

如果场内已有活框饲养的蜂群，最好是采用借脾过箱。从活框蜂箱群提取适量子脾、蜜脾置于1个空蜂箱中，采用敲击或喷烟的办法，将旧式蜂箱（蜂窝）中的蜜蜂驱赶进收蜂笼。然后，将收蜂笼中的蜜蜂抖入准备好的蜂箱中。同时，将旧式蜂箱中的巢脾割下，子脾绑好后放入被借脾的蜂群里或其他活框蜂箱群中哺育和修整。

五、过箱时应注意的事项

①过箱前，要将原巢上、下外围及过箱工作环境清理干净，以免操作时污染巢脾。

②过箱时，蜂王正处于产卵期，腹部伸长，起飞不便，只要蜂团不散，蜂王一般不会飞走。所以，一般情况下，不必囚王或将蜂王剪翅。

③万一蜂王受惊起飞，也无须惊慌。只要蜂团不散，蜂王便会自行回群。

④如果蜂团被弄散了，造成蜂王起飞，一般情况下蜂王会与工蜂结团在附近枝头、屋檐上，只需找到蜂王，并连同蜂团一起收捕入笼。

⑤在操作过程中，若不小心把蜂团抖落在地上，则应在蜜蜂分别团集的地方，寻找蜂王，一般要从大团中开始寻找，找到蜂王后，即捏住它的翅膀，提入巢内，并将蜜蜂收入巢内或驱散让它们自动进巢。

⑥夜晚室内过箱，需防止蜜蜂到处乱爬。

⑦过箱时或过箱后，最怕引起盗蜂，因此应及时清理洒落在箱外、地上的蜜汁或碎脾。

六、过箱后的管理

①过箱后的蜂群暂时缺蜜，应于当日晚进行奖励饲喂，促进蜜蜂修补巢脾，刺激蜜蜂造脾和蜂王产卵。

②蜂群过箱后，应缩小巢门，避免发生盗蜂。

③过箱后3～5天内，一般只做箱外观察。如发现箱门口由出巢蜂带出零星蜡屑、蜜蜂进出频繁、回巢蜂带有花粉等，说明蜂群已正常。

④发现过箱群不正常时，应开箱检查，针对问题，做相应处理。过箱后工蜂从蜂箱内纷纷往外飞，在蜂箱周围徘徊飞翔或钻入邻近蜂箱，说明蜂王不在蜂箱里，这时就要赶紧揭开蜂箱盖，使蜂团和巢框露出来，等待蜂王飞回来。也可在附近寻找蜂王，找到后捉入箱内或放入王笼中再放入箱内，以招引蜜蜂回巢。有时过箱2～3天后出现蜂群活动不正常现象，开箱检查可发现巢脾上出现急造王台，说明此时蜂群失王，可选留1个最好的王台，将其他王台挖去，或采取诱入蜂王或合并蜂群的措施。

⑤过5天后，作开箱检查，若巢脾已粘牢，可以除去绑缚物。没有粘牢或下坠的，要进行矫正。如果巢脾不平整，可以用利刀，把突出部分齐框削平，使蜂路畅通。同时将箱底的蜡屑污物清除干净。

⑥经过一段时间的饲养，工蜂可将过箱时的巢脾修造成整张，此时正当流蜜时期，巢房被蜜、粉、卵或幼虫占据，应插入巢础框造脾，扩大蜂巢，促进蜂群繁殖和采集生产。

⑦根据天气、蜜源及蜂群群势，调整巢门大小。

第四节　中蜂饲养的基本要求

中蜂的生物学特性与意蜂有所不同。中蜂附脾能力差、不易长途运输、分蜂性强不易形成强群、利用零星蜜粉源和逃避胡蜂等天敌能力强，因此中蜂的饲养方式与意蜂会有一定的差异。对中蜂饲养户来说，不仅需要了解中蜂的生物学特性，也需要了解中蜂饲养的基本要求，结合自己的实际情况，才能养好蜜蜂。

一、饲养方式

养蜂人可根据自己的实际情况，选择定地饲养或小转地饲养，选择桶养或活框饲养。

1. 定、转地饲养

（1）定地饲养。

常年放在同一场地，不到其他地方进行生产的饲养方式。适宜于交通运输不便的山区、体力弱的养蜂人及使用不易搬运的蜂器具的蜂场。

（2）小转地饲养。

蜂群不可长距离运输，只在蜂场周边进行短距离运输开展生产的饲养方式。适宜于交通运输方便、体强力壮养蜂人及对周边蜜粉源种类和开花流蜜规律比较了解的蜂场。

2. 饲养规模

在一定区域内，可以饲养多少群中蜂，应根据这一区域内的蜜粉源植物种类、面积及蜜粉源开花的时间间隔来确定。

（1）宏观规模。

指在一个大的区域内，可饲养的中蜂总量。

（2）微观规模。

指某个蜂场在某个场地内可饲养的中蜂数量。

3. 养蜂场所

通常，具有一定规模的中蜂饲养户对养蜂场地要求较高（详见本节“饲养场地”）。中蜂散养户饲养量少，对场地要求也可低一些，只要有一定量的蜜源就可饲养少量蜜蜂。因蜂群数量少，对放蜂场所也不必太讲究，比如房前屋后、自家菜园、山林田间均可放养。此外，随着城市绿化、彩化的发展，给城市养蜂也带来契机。虽然城市的蜜源量不大，但是饲养少量蜜蜂还是可以有收益的。城市养蜂应注意蜂群的摆放场所，避免带来不必要的麻烦。

①放在地面饲养的蜂群，应远离人群往来比较多的地方。不能让小孩进入到蜂群周边玩耍，以免蜜蜂蜇人引发矛盾。

②不宜放在阳台中饲养，以免蜜蜂的排泄物落至楼下引起纠纷。同时，放在阳台的蜂群，巢门口不可正对前幢房子的窗户，否则蜜蜂会在夜晚趋光进入对面家中而引发矛盾。

③可以将蜜蜂放在楼层不高的屋顶饲养。

二、饲养场地

养蜂场地的好坏，会影响到全年产量、蜜蜂健康及蜂蜜品质等。因此，规模化蜂场需要选择理想的放蜂场地。

1. 蜜源场地的选择

蜜粉源植物是养殖蜜蜂的物质基础，一个理想的放蜂场地，可以为养蜂人降低生产成本，提高蜂蜜产量，保障其经济收入。选择场地时，考虑蜂场周边2千米范围内有可常年提供的各种零星蜜粉源植物，并根据蜜粉源植物种类、面积、生长情况和开花时间决定饲养相应的蜂群数量。当然，周边如有大宗蜜粉源植物存在则更为理想。

2. 周围环境

（1）避免噪音。

蜜蜂喜欢在安静的环境中生活，若蜂场周围经常出现噪音，会干扰蜜蜂的正常生活，会让蜜蜂觉得此地不宜久留而整群弃逃。因此，选择蜂场场地时要远离公路、铁路等有噪音的地方。

（2）避免异味。

中蜂嗅觉很灵敏，对异味反应很敏感。蜂群周围有如生活垃圾和动物排泄物发酵所产生的气味及化工企业所排放的废气会让蜜蜂不适，引起整群弃逃。因此，饲养中蜂的蜂箱宜选用西蜂用过的蜂箱，或选择由无异味木料做成的新蜂箱。新蜂箱在使用之前，应先消除木质气味，再涂上少量的蜂蜡，利于中蜂接受，防止飞逃。不可用味重的药物消毒蜂箱，如已使用则必须彻底消除异味后方可使用。尽量采用灼烧方法对蜂箱进行消毒，防止异味刺激蜜蜂而造成逃群。

（3）避免夜间光亮。

蜜蜂和其他昆虫一样具有趋光性。应避免箱门口在夜间正对光源，干扰蜜蜂顺利回巢，造成不必要的损失。

（4）考虑气候条件。

避免将蜂群放在茂密的灌木丛中，防止因高温季节通风不良，造成蜜蜂闷热。

（5）考虑蜂场间距离。

为避免与周边蜂场发生盗蜂等事件，在选择放蜂场地时应考虑拉开蜂场间的距离。一般情况下，与意蜂场之间的距离应保持在3千米以上，与中蜂场之间的距离应保持在2千米以上。

（6）交通条件。

对采用小转地饲养方式的蜂场，应考虑选择交通方便的场地，以便于蜂群装卸、蜂群及产品运输等问题。

（7）水源选择。

水是蜜蜂新陈代谢的重要物质，清洁的水源是保障蜜蜂健康的重要因素。因此，要选择有洁净水源附近作为放蜂场地。

（8）场地卫生干净。

要对场地内的杂物杂草及其他废弃物清理干净，保持场内清洁卫生。

三、蜂群摆放

应根据蜂群数量、场地地势及不易引起盗蜂等因素来考虑蜂群的摆放方式。一般要注意以下几个因素。

（1）分散摆放。

中蜂认巢能力差，容易错投到其他群，引起蜜蜂斗杀或发生盗蜂。因此，蜂群应分散摆放。一般情况下，群与群之间距离应相隔3～5米。饲养规模较大的蜂场应根据蜂群饲养量分几个场地摆放，一般每个放蜂场地以饲养40～60群为宜。

（2）因势摆放。

在平坦地摆放蜂群，箱门口要错开方向。在山区丘陵地带尽可能利用斜坡的高度差就势摆放，使各个蜂箱巢门的方向、位置、高低无序错落，易于蜜蜂认巢。

（3）离地摆放。

离地摆放就是将蜂群摆放在相应高度的支架上，也可摆放在砖头、石板或木桩上。将蜂群垫高的好处包括以下几点。

①养蜂人管理蜂群时不必弯腰，便于操作，节省力气。

②防止地面潮湿使箱底腐烂而缩短蜂箱使用年限。

③防止泥土、沙尘进入箱内。

④防止地面上的敌害如青蛙、蟾蜍等危害。

（4）前低后高。

为防止雨水通过箱门口流入箱内，便于箱内积水能及时排出，需将蜂箱就势摆放成前低后高。

（5）做好遮阴。

一般情况下，要选择放在避免阳光直晒的地方，如大树下、石岩下等地。如无自然遮阴场所，应做好人工遮阴。

四、养蜂用具

1. 饲养器具

凡是能满足中蜂生物学特性要求、操作方便、价格便宜及坚固耐用的方箱体、圆桶等均可选为中蜂的饲养器具。

（1）标准蜂箱。

该箱体已被广大养蜂人认可并应用（图6-6）。

图6-6　标准蜂箱（赵东绪 摄）

（2）自制方形箱体。

养蜂人根据中蜂自然状态的筑巢特性及活框饲养箱的原理，设计并制造自己认为更加理想的箱体。但是每个养蜂人如设计的巢框尺寸不同，难以与其他蜂场交换使用，给蜂群的买卖带来不便（图6-7）。

图6-7　自制方形箱（苏晓玲 摄）

（3）圆桶。

圆桶主要有两种类型，巢脾固定在桶中。

①喇叭形圆桶：上口小，下口大（图6-8）。

②直桶形圆桶：上下口尺寸相同的蜂桶。在割除蜂蜜后，可以上下口颠倒摆放（图6-9）。

图6-8　喇叭形圆桶（苏晓玲 摄）

图6-9　直桶形圆桶（苏晓玲 摄）

（4）外圆内方形。

外表呈直桶形圆桶，桶内却是活框饲养。这是一种活框继箱体与圆桶相结合的新型饲养器具（图6-10）。

图6-10　外圆内方型蜂箱（金汤东 摄）

（5）轻型砖箱体。

以轻型砖为材料，将其砌成箱体。该箱体分上下两层，下层为空气流通、蜡屑排放空间，中间拉一铁纱网，上面为蜜蜂饲养空间。该箱体一旦形成，无法搬运，不能进行转地饲养，只能长久定地饲养（图6-11）。

图6-11　轻型砖箱体（苏晓玲 摄）

2. 不同地理条件的养蜂器具选择

①在交通很不方便、蜂群不易人工管理的山上、屋檐下或窗台上宜选择桶养。

②在交通条件适中的山区，根据本地地形条件，选择部分桶养，部分箱养。

③在交通运输比较方便、便于人工管理的地方，宜选择活框饲养，便于蜂箱搬运，有利于小转地饲养。

3. 生产蜂蜜用具的选择

在蜂蜜生产过程中要选择用不锈钢制作的割蜜刀、摇蜜机、榨蜜机等生产器具，确保蜂蜜质量。

五、中蜂蜂种来源与蜂王选育

1. 蜂种来源

蜂种来源包括种群来源和种王来源。

（1）种群来源。

①他人赠送。由亲戚、朋友赠送或政府扶贫得到。

②别处购买。向其他蜂场直接购买桶养或箱养蜂种得到。对一个初学养蜂者来说，刚开始应购买少量蜂种来饲养，通过少量蜂群的饲养来逐步积累经验，再放大饲养量。在购买时应注意选择符合以下几个方面的箱养蜂种：一是群势强；二是新产卵王；三是巢脾颜色较浅且完整；四是巢脾上要有蜜、粉及较多的虫蛹；五是无疾病。

③野外诱捕。一种简单、经济、有效的蜂种来源方式。

（2）种王来源。

①自己培育蜂王。养蜂人在自己蜂场内挑选出最好的蜂群作为种群来培育蜂王。

②直接引进蜂王。向本地的种蜂场直接购买若干只种王或向周边蜂场购买若干只优良蜂王。

③间接引进蜂王。养蜂人向已经引进种王的周边蜂场购买其培育的下一代蜂王或直接在其种王群内移虫到自己蜂场来培育蜂王。

值得一提的是，经过长期进化，中蜂对当地的气候、蜜源条件都具有极强的适应性，如果盲目引进外地中蜂饲养，可能难以表现生产优势，而且还容易引入蜜蜂病害。此外，目前国内还没有获批的人工培育的中蜂品种。因此，建议选用本地中蜂。

2. 蜂王选育

蜂王选育包括自己选育和集体选育，其操作方法相同。

（1）自己选育。

指养蜂人在自己蜂场内挑选出蜂群群势强、蜂蜜产量高及抗病能力强的若干蜂群作为种群来培育蜂王。

（2）集体选育。

指多家或数十家具有良好信誉的周边养蜂户联合起来，每年各自挑选出最好的蜂群作为种群，让其他养蜂户来移虫育王。集体选育的最大优点是充分发挥杂交优势，极大地加快选育进度。

（3）选育方法。

①对单个蜂场来说，选出10群左右自己蜂场中最好的蜂群作为种群，以人工移虫的方式培育蜂王。也可将种群内的自然王台来培育蜂王，其他群内的王台一律摘除。

②对集体选育的蜂场来说，养蜂人应当提前到其他蜂场现场考察，多方考察后，再选定1～2家作为移虫育王的对象。为稳重起见，应控制到别家蜂场移虫育王的数量在5～10只。蜂王培育成功后，要观察有关性状，并做出判断，再决定是否继续移虫育王。

③参与集体选育的蜂场，要尽量避免用自己蜂场内的卵虫来培育蜂王。应到其他蜂场去移虫育王，最大限度地发挥杂交优势。

六、中蜂蜜的生产

中蜂的主要产品是蜂蜜，而蜂蜜是否优质全靠养蜂人自己掌控。

1. 中蜂蜜生产原则

质量第一，产量第二，尽力生产优质蜂蜜，保持原汁原味。

2. 中蜂蜜生产方法

由于各中蜂蜂场所处场地不同、蜜源条件不同，因此各蜂场摇取蜂蜜的方法也不同。

（1）有大蜜源的蜂场。

在大流蜜期，视蜂群贮蜜情况适时取蜜，掌握好取蜜的时间间隔。如取蜜太勤，不仅会影响蜂蜜浓度，而且会引起蜂王扩大卵圈，缩小贮蜜区，影响蜂蜜产量；如取蜜间隔太长，会出现蜜压子，不仅会影响蜜蜂出勤的积极性，更会让群势强的蜂群出现分蜂热，也影响蜂蜜产量。在大流蜜期，因花蜜进巢较多，蜜蜂加工不及时，导致蜂蜜浓度不高，故而不宜做商品蜜零售，应进行冷藏，等到外界蜜粉源缺乏时，重新喂给蜂群，让其加工成高浓度蜂蜜。

（2）蜜粉源相对较好的蜂场。

箱养中蜂，分层次取蜜，即每次摇蜜分以下2步。

①取未封盖和刚开始封盖蜜，这些蜂蜜成熟度较低，只用做蜜蜂饲料，不用做商品蜜。

②取封盖蜜。用割蜜刀将封盖蜜的蜡盖割除后，再次摇蜜，这些蜂蜜的成熟度高，可用做商品蜜。

（3）蜜源条件不理想。

常年都是采集零星蜜粉源，每年取1～2次，可做商品蜜直接销售。

第五节　中蜂饲养管理要点

一、选育优良蜂王

蜂王的优劣是蜜蜂饲养好坏的关键因素之一，因此重视中蜂选育工作，可以选育出更为优秀的蜂王，给养蜂生产带来很多好处。选育蜂王时应考虑以下因素。

（1）种群选择。

选择蜂王产卵力强、繁殖快、分蜂性不强、能够维持强群、工蜂采蜜力强、抗病能力强、性情温驯的蜂群为种群。

（2）时间选择。

外界有丰富的蜜粉源，温暖而稳定的气候，大量适龄健壮的雄蜂出现时，是蜂王选育的最佳时间。

（3）育王方法。

一般采用人工移虫育王，其具体操作与意蜂基本相同。

二、失王的防范

中蜂、意蜂都会有失王的情况发生，但中蜂比意蜂更容易失王。因此，日常管理蜂群时要注意以下一些因素。

（1）提脾检查要轻拿轻放。

中蜂怕惊扰，提脾检查动作过猛、速度过快就有可能让蜂王受到惊吓而飞逃，特别是处女王或新王。因此，中蜂管理应以箱外观察为主，有特殊情况时才开箱检查。当开箱检查遇蜂王惊飞时，可先不盖箱，人暂时离开蜂箱旁，站在蜂箱不远处，过一会儿蜂王大多会返回原箱，看到蜂王返回再盖箱。如果发现蜂王确实走失，应及时介入王台或蜂王。

（2）取蜜时禁止抖动有蜂王的脾。

取蜜抖脾，会使蜂王慌乱，并可能造成蜂王藏箱底或飞逃。所以，取蜜时要先找到蜂王，将蜂王脾用隔板遮住并盖上覆布，防止出逃。注意关上巢门，以免蜂王从巢门爬出。

（3）蜂群被盗时及时保王。

蜂群严重被盗，无论是中蜂还是意蜂作盗，都有可能失去蜂王或整群飞逃。如是意蜂作盗，可在蜂箱门口加上防盗片，阻止盗蜂入巢。如是中蜂作盗，用防盗法处理。

三、换王方法

换王方法包括王台换王和介绍蜂王入群。

1. 王台换王

新王出台前要注意检查，毁掉其他王台，避免分群新王产卵后除掉老王；如果新王交尾失败，再介入成熟王台；如无王台介入，可放出老王接着产卵。

2. 介绍蜂王入群

各蜂群气味不同，如将其他蜂王直接放入蜂群，会出现围王现象，导致蜂王死亡。因此，为了提高蜂王的安全性，介绍蜂王时一般采用直接诱导方式或间接诱导方式，让蜜蜂接受蜂王。

①在大流蜜期间，外界蜜源丰富，工蜂集中精力采蜜，警惕防御力降低时，容易成功介绍蜂王入群。

②蜂群失王后，群内无可供改造王台的卵和幼虫，此时工蜂有强烈需求蜂王的欲望，介绍蜂王容易成功。

③新交尾王，通过2周产卵，腹部增大，行动稳健时，将蜂王诱入他群容易成功。

④群内王台毁尽，废除残王，致使工蜂后继无望，有强烈求王念头，此时诱王成功率高。

3. 直接诱入法

①大流蜜期间，由于工蜂忙于采集，其防盗、防敌能力较低。可于傍晚先向无王群喷些蜜水，然后用手轻轻捉住蜂王胸部或翅膀，再向蜂王身上喷一些蜜水，将蜂王直接放在框梁上即可。

②大流蜜期的黄昏时间，将无王群的蜜蜂逐脾抖入蜂箱，并喷较多的蜜水，趁工蜂混乱时将蜂王从巢门口放入，随工蜂爬入蜂箱。

③于傍晚将蜂王连同1个带蜂子脾，直接放在无王群的隔板外相隔几厘米距离，并喷些糖水，次日将子脾提到隔板内合并。

4. 间接诱入法

（1）关王笼诱入法。

将蜂王和10只原群工蜂关入铁纱扣王笼内，再将扣王笼挂在无王群的巢脾上。1～2天后检查接受情况，若发现纱笼外面工蜂不多，且通过纱笼饲喂蜂王，表明蜂群已接受蜂王，此时可轻轻打开纱笼放出蜂王。若发现工蜂有咬铁纱现象，说明工蜂还未接受蜂王，需将扣王笼再扣几天，直至工蜂不咬铁纱为止，才能放王。

（2）隔板外诱王法。

在诱入群隔板外放1个蜜脾，再加上隔板，将扣王笼悬挂在隔板外，隔板内的蜂王照常产卵，要换的王秩序很正常，无任何敌意。因此，部分工蜂出来照顾隔板外蜂王，工蜂出出进进，过几天除掉老王，于傍晚抽出隔板，放出蜂王爬进隔板内，诱王成功。

（3）纸筒诱王法。

先做1个纸筒，将要诱入的蜂王放入纸筒内，两端糊好，两头预先钻些小孔。将纸筒挂在边脾中间，工蜂发现纸筒内有蜂王时，会努力咬烂小孔，帮助蜂王出笼。此时蜂王物质已被工蜂接受，诱王成功。但必须注意，诱王群王台要除尽。

5. 保守诱王法

先抽出3张正在出房的子脾，连蜂放入1个空蜂箱内，2天之后，待老蜂全部返回原群，此时群内剩下的是一些新蜂。因新蜂无敌意，可将蜂王从巢门口或框梁上放入。此法成功率很高。

应注意保证群内蜜粉充足，缩小巢门。

四、蜂群检查

通过对蜂群的检查可以让我们掌握蜂群的变化，以便及时采取措施，进行调整，为蜜蜂创造有利的生活条件。

1. 蜂群检查的方法

蜂群检查一般分为箱外观察和箱内检查。

（1）箱外观察。中蜂一般以箱外观察为主。箱外观察主要是查看蜜蜂的出勤情况、箱门口有无死蜂、拖子情况、盗蜂、农药中毒和挂“胡子”的分蜂现象等，发现问题时再开箱检查。此外，要注意箱门口有无王台的封台盖，如有封台盖掉入在门口，说明该群可能已经分蜂。

（2）箱内检查。

①全面检查。全面检查是指对整个蜂场的所有蜂群进行逐箱检查，同时对每个箱内的所有情况进行检查。检查的目的是要了解整个蜂场蜜蜂的生存状况、各蜂群的强弱、贮蜜、蜂粮、蜂王、子脾情况、有无王台、有无疾病和蜜压子等内容，以便做出相应处理。全面检查的次数要尽量少，能不检查就不要检查。

②局部检查。为了解蜂群内某些方面的特定情况，需要对箱进行局部检查。检查的目的性明确，针对性强，所用时间短，对蜂群的影响小。局部检查包括以下步骤。

检查蜂王。检查蜂王是否健在，不一定非要看到蜂王，只要看到脾内有直立的卵，就可判定蜂王的存在。

打开箱盖，发现框梁上有一些蜜蜂在不断振翅，可能已失王，或脾上有急造王台，说明已失王。

巢脾上出现自然王台，说明已产生分蜂势。

副盖上、隔板外附蜂多，说明蜂量增长多，要考虑加脾扩巢。

巢内出现大量赘脾，说明巢脾不够用，应当加入巢础造新脾。

检查隔板内第2张脾，如蜂量少，考虑抽取边脾。

2. 检查蜂群注意事项

①平常检查蜂群的时候，动作应快速，时间要短。

②提起检查的巢脾，一定要置于蜂群正上方，不可轻易移开蜂箱位置，避免蜂王掉入到箱外，造成损失。

③检查时抽出的巢脾必须放置在空箱内妥善保管，切勿暴露空气中，随后视情况做相应处理。

④提脾、放脾或盖上箱盖时，切勿压死蜜蜂，避免蜜蜂凶性增长。

⑤避开闷热天气、下雨天气等时间开箱，因为此时蜜蜂性情暴躁，易蜇人。

⑥一般情况不易用喷烟方式压服蜜蜂，否则蜜蜂将越来越凶。

⑦要根据蜜源情况、蜂群状况及周边蜂场活动情况及时调节巢门大小。

⑧在检查蜂群的同时，做好蜂场日记。

五、自然分蜂的控制

中蜂的分蜂性较强，影响群势稳定，从而影响中蜂蜜产量。在春季，当蜂群发展到2～3足框蜂时，大部分中蜂群就开始建造王台，发生分蜂热。为了确保蜂群生产，必须对分蜂热进行有效控制。其方法可分为以下几种。

（1）提早育王，更换蜂王。

在自然分蜂季节到来之前，从种群里移虫育王。新蜂王开始产卵后，淘汰分蜂性强的蜂群里的蜂王并诱入新蜂王。新蜂王的蜂群，一般情况下当年很少发生分蜂热。

（2）强弱互补，平衡群势。

在分蜂季节，可抽调强群的封盖子脾补给弱群，或将弱群的卵虫脾提出给强群饲喂，使其降低分蜂热。

（3）强弱对调，调整群势。

在大流蜜期个别蜂群发生分蜂热时，选择晴天的上午，工蜂出巢采集的时候，将发生分蜂热的自然王台铲除后，并对换该群与弱群蜂箱的位置，同时给弱群适当补加巢脾，原分蜂热的采集工蜂大部分仍会飞回原位置的弱群里，弱群的群势得到加强，分蜂热也得到解除。外界大流蜜时，蜜蜂的注意力都放在了采蜜和酿蜜上，蜂群群界不严。

（4）适时加础，勤造新脾。

对产生分蜂热的蜂群，要适时加巢础框让蜜蜂造新脾，扩大蜂巢，淘汰老劣巢脾。

（5）添加继箱，扩大蜂巢。

当中蜂群势已发展到7～8框蜂时，可以添加继箱，将封盖子脾和蜜脾提到继箱里，卵虫脾留在巢箱，同时在巢箱中加入空脾或插入巢础框让蜜蜂造脾。

六、人工分蜂

人工分蜂是蜂群数量增长的最直接的方式，是养蜂人将优良蜂群扩群最为有效的措施，也是解除蜜蜂分蜂热的有力手段。人工分蜂包括原地分蜂（强制分蜂）、原地人工控制分蜂和异地分蜂。

1. 原地分群（强制分蜂）

将准备好分群用的洁净空蜂箱放在分蜂群旁边。打开分蜂群，挑选出含封盖子数量较多且很快可出房的封盖子脾，连蜂带框直接放入空蜂箱中。抽出的巢脾应带有王台，如王台多时，应去除多余王台；如无王台时可介绍其他群的王台。抽出巢脾数量应占总脾量的2/3或3/4，放好子脾后，盖好箱盖，并将其搬至指定地点。原蜂王留在原群中，同时插入1～2个巢础框，并对分蜂群奖励饲喂。

2. 原地人工控制分群

对出现分蜂热的蜂群，当王台呈褐色时，应进行囚王。准备好洁净的空蜂箱，放置在蜂场内靠近分蜂群的位置。准备好收蜂笼，等候自然分蜂。当发现大量蜜蜂涌出蜂箱时，立即打开蜂箱取出箱内王笼，并将王笼扣于收蜂笼内（图6-12）。将收蜂笼悬挂在分蜂群的上方，收集分蜂团（图6-13）。将分蜂群蜂箱移开原地数米，待分出的蜜蜂大部分入笼结球后再将分蜂群移回原位。在原群中抽出1张卵子脾（图6-14），放入到预先备好的空蜂箱内，再直接将收蜂笼内蜜蜂抖入在该箱中（图6-15）。同时，视外界蜜源情况，加入1～2个巢础框。新分群可以放置在原群旁边，也可离原群较远处。对分蜂群要进行奖励饲喂。

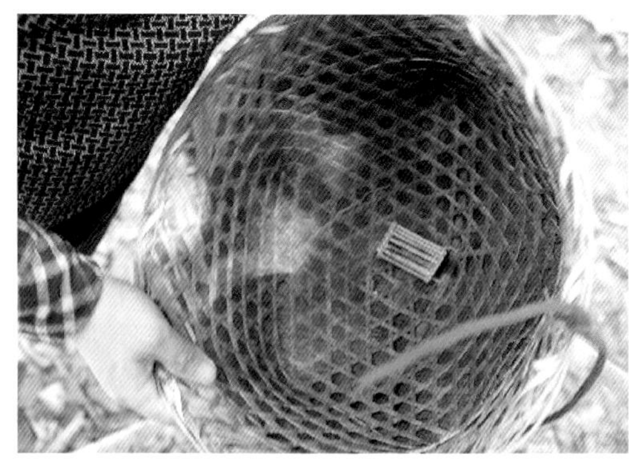

图6-12　王笼扣于收蜂笼(苏晓玲 摄)

图6-13　收集分蜂团(苏晓玲 摄)

图6-14　抽卵子脾(苏晓玲 摄)

图6-15　抖蜂入箱(苏晓玲 摄)

3. 异地分群

(1)巢脾固定。

运输前将蜂群进行固定包装，包装方式采用宽×高为2.5厘米×2.5厘米或3厘米×3厘米的海绵矩形条分别压住巢框两头，再反盖上副盖压实，压上大盖，然后用绳子或透明胶带绑紧蜂箱即可，海绵条的长度视蜂箱的宽度或巢框的多少而定，也可采用塑料条固定巢脾(图6-16)。

图6-16　巢脾固定(苏晓玲 摄)

(2)运输时间。

于傍晚蜜蜂归巢后或者蜜蜂早晨出巢前运输到3千米外的分蜂场地,在蜜蜂出巢前完成分群。

(3)方法。

将蜂群一分为二,有王台的巢脾分到新分群中。选择1个健壮王台留下,其余王台去除。有蜂王的群内,王台必须全部清除。新分蜂群如果没有王台或蜂王,可以从其他交尾群中提取蜂王,介绍入群。同时,连续3～4天对分蜂群进行1∶1糖水的奖励饲喂。

4. 桶养中蜂分群

当桶养中蜂发生强烈分蜂性时,可采用人工辅助分群。将分蜂群中带有王台的子脾整张取下,穿绑至事先准备好的空桶中,并将此桶放在原桶位置,等待原桶外勤蜂回巢入内。将原桶放在其他位置即可,桶内如有其他王台需及时摘除。

七、蜂群的合并

蜂群的合并就是把2个或2个以上的蜂群合并为1群进行饲养的操作方法。

1. 蜂群合并的原则

蜂群合并要遵循"弱群并入强群,无王群并入有王群,病群不得并入健康群"等原则。蜂群合并时间应选择在大流蜜期,蜂群警觉性较低时进行,或在蜜蜂停止巢外活动的傍晚或夜间进行,应避免在容易发生盗蜂或易受胡蜂骚扰的时间合并。

2. 蜂群合并的方法

(1)直接合并。

①在外界蜜粉源丰富的季节,在蜜蜂归巢后,将有王群的巢脾调整到蜂箱的一侧,再将无王群的巢脾带蜂放到有王群蜂箱内的另一侧。中间插入隔板,暂时将2个蜂群隔开,并向合并的蜂群喷洒稀薄的蜜水,混淆群味界限。当2个群的群味完全混同后,抽取隔板就可将两侧的巢脾靠拢。

②先配制好低度白醋∶蜂蜜＝2∶1比例的液体,在傍晚时分蜜蜂归巢后,先提取有王群的每张巢脾连蜂带脾进行微量喷洒,放回箱内,为慎重起见,插上隔板,再将要并入的蜂群内的每张巢脾连蜂带脾进行微量喷洒,放在隔板另一侧即可。但此法要注意防止盗蜂。

③先将酒∶蜜∶水＝1∶1∶1比例配制,将需要合并和被合并的蜂群中的巢脾逐脾抽出,用小喷雾器将配制好的酒、蜜、水混合液斜对着巢脾进行喷射,以蜜蜂身上带有小雾珠为度,喷好后逐脾放入箱内,盖好副盖与箱盖,合并即告完成。

（2）间接合并。

间接合并的方法适用于非流蜜期，以及失王过久、巢内老蜂多而子脾少的蜂群。间接合并包括铁纱合并法和报纸合并法。

①铁纱间隔合并法。在晚上，将有王群的隔板抽出，插入1张铁纱网，再将无王群的巢脾放在铁纱网的另一侧，待气味混同后将铁纱网抽走，将巢脾靠拢即可。或在有王群的巢箱上放1块铁纱覆盖后叠加1个空继箱（注意继箱要开1个巢门），然后将需要合并的无王群蜜蜂连脾带蜂提入继箱，盖上副盖和箱盖。经过1个晚上，2个蜂群的群味通过铁纱互通混合，待彼此间消除了敌意后，于次日早上，将继箱中的蜜蜂提到底箱，撤除铁纱副盖和继箱即可。

②报纸间隔合并法。取1张隔王栅，用报纸糊在隔王栅两侧，用小针扎些许小孔，再用喷雾器向报纸喷至微湿，抽走有王群隔板，插入该隔王栅，再将合并群放入隔王栅另一侧，待工蜂慢慢咬破报纸混合气味，抽走隔王栅，将巢脾靠拢，重新插入隔板即可。

八、盗蜂的防范

中蜂嗅觉灵敏，善于发现蜜源，也容易发生盗蜂，如不注意防范，不仅会造成蜂场秩序的混乱，还会消耗饲料、损失蜂群，对整个蜂场的管理带来很大麻烦。预防中蜂盗蜂主要有以下措施。

①选育群势强、盗性弱的种王。

②各群群势要基本均等。

③无事少开箱检查，尤其是在断蜜期尽量不开箱检查蜂群。必须检查时，应尽量缩短时间或采取快速检查的方法，并选择傍晚蜜蜂较少活动时进行。

④无论何时，箱内都要留有足够的蜂蜜。

⑤在断蜜期要缩小巢门，填补箱缝。

⑥发现弱群，要及时合并。

⑦饲喂蜂群要在傍晚进行，以当晚吃完为最佳，蜜汁不得洒在蜂箱外及地面，洒在箱外地面的要及时清理干净。

⑧与周边中蜂蜂场的距离最好保持在1.5～2千米。

⑨与意蜂蜂场间的距离应保持在2.5～3千米。如无法保持这个距离，应采用安装防盗片的办法防止中蜂群被盗。

九、防止飞逃

严重缺蜜、发生病虫害、天敌侵袭、高温高湿等不良环境因素都有可能引起中蜂飞逃，给养蜂生产带来严重损失。因此，要防止中蜂飞逃，就必须考虑消除各种飞逃因素，让蜂群安静生活。防止中蜂飞逃主要有以下一些措施。

①平时箱内要保持有充足的饲料，如果贮蜜脾不足，需及时饲喂。

②箱内出现异常断子，需及时抽调子脾补入箱内。

③在蜜源缺乏的季节，尽量少开箱检查，尽可能减少人为惊扰蜂群。

④防止盗蜂发生，防止胡蜂、蟾蜍、青蛙等天敌侵袭，防止蚂蚁侵扰。

⑤注意防治蜜蜂病虫害发生。

⑥注意遮阴，防止暴晒；注意干燥，防止潮湿。

⑦新蜂箱、蜂桶，要去味后才能使用。

⑧搞好蜂场卫生，消除异味。

⑨防止蜂场有不间断的噪音，防止小孩等进入蜂场对蜂箱敲打，造成震动，引起飞逃。

⑩防止蜂场周围施用农药，避免蜜蜂中毒。

十、工蜂产卵群的处理

中蜂失王后，很容易发生工蜂产卵。如不及时处理，整个蜂群都将毁灭。

1. 工蜂产卵群的识别

（1）箱外观察。

工蜂出入稀少，不带花粉，幼蜂久不出箱试飞。出来的工蜂略显干瘦，背部黑亮。

（2）开箱检查。

打开蜂箱，箱内工蜂慌乱，性情暴躁容易蜇人。大部分工蜂体色黑亮。提起巢脾，分量很轻，脾内蜂蜜、花粉储存很少。无法找到蜂王。可观察到一些工蜂将整个腹部伸到巢房中，其余工蜂像侍候蜂王一样守在它们身边。巢脾上有的巢房空着，有的巢房产数粒卵，东歪西斜，有的甚至产在巢房壁上。

2. 产卵群的处理

（1）工蜂产卵应预防为主。

平时检查蜂群时要经常注意蜂群是否失王，如果失王，要及时诱入蜂王或成熟王台，也可以从其他蜂群调入卵虫脾，供其改造王台。

（2）出现工蜂产卵的处理方法。

工蜂产卵后诱入蜂王或与有王群合并往往不容易成功，但采用蜂群合并的办法，可收到一定的效果。

①采用铁纱盖（网）合并蜂群的前部分操作（见蜂群的合并），等气味混同后，抽取铁纱盖（网），将蜜蜂抖入箱底，再把工蜂产的卵脾全部抽出放水中浸泡及把工蜂产卵的封盖蛹

用刀割掉，再将巢脾分别加到强群里去清扫。

②将产卵群的工蜂逐张抖入箱底，拿走全部巢脾，箱内放1～2个空巢框，盖上1块较薄的覆布，再盖上箱盖。让其在覆布下边的空框上结团。此时，巢内无蜜、无粉，此法可促使工蜂卵巢萎缩，失去产卵机能，而后再与有王群合并。

十一、巢脾的修造

巢脾是构成蜂巢的基础，是蜂群培育蜂子、存储蜂蜜、蜂粮和蜜蜂活动的场所。巢脾的数量和质量会影响蜜蜂的繁殖和蜂群生产。因中蜂有喜新厌旧的特性，所以中蜂巢脾一般使用1年就要更换。

修造巢脾要选择适宜的气候、蜂群状况及蜜源状况，才能修造出完整的巢脾。

①在人工分蜂或发生自然分蜂时，利用分蜂群的积极性，在新分群内加入巢础框，放在隔板内侧，能造出整齐的工蜂房巢脾。

②在春末平均气温在15℃以上，外界有蜜粉源，且箱内出现赘脾时，可将巢础插在隔板内侧造脾，待第1张脾造好后，视蜂群发展情况，决定是否连续加础造脾。

③在生产季节，蜂群群势强大，外界蜜源好，蜜蜂有扩大蜂巢意愿，此时，加础造脾能很快造出整张完整的巢脾。加础位置可放在蜜脾和子脾之间，群势强大的蜂群可加2个巢础框造脾。

④秋季蜜源期，将巢础框放在隔板内侧造脾。如出现靠子脾一侧造好，另一侧没造的情况，可将此脾前后颠倒放入原位，让蜜蜂继续修造即可。

采用①、②和④法造脾，需在晚上喂上一些蜜糖水，刺激蜜蜂造脾的积极性，加快造脾速度。

参考文献

[1] HEPBURN H R, RADLOFF S E. Honeybees of Asia [M]. Berlin : Springer-Verlag, 2011.

[2] 胡福良, 陈黎红. 蜜蜂高效养殖7日通 [M]. 北京: 中国农业出版社, 2004.

[3] 胡福良, 黄坚. 蜂王浆优质高产技术 [M]. 北京: 金盾出版社, 2004.

[4] 吴杰. 蜜蜂学 [M]. 北京: 中国农业出版社, 2012.

[5] 国家畜禽遗传资源委员会. 中国畜禽遗传资源志·蜜蜂志 [M]. 北京: 中国农业出版社, 2011.

[6] 浙江省畜牧兽医局. 浙江省畜禽遗传资源志 [M]. 杭州: 浙江科学技术出版社, 2016.

[7] 曾志将. 养蜂学 [M]. 3版. 北京: 中国农业出版社, 2017.

[8] 刘先蜀. 蜜蜂育种技术 [M]. 北京: 金盾出版社, 2002.